Johann Reiß, Martin Wenning, Hans Erhorn, Lothar Rouvel

Solare Fassadensysteme

Energetische Effizienz – Kosten – Wirtschaftlichkeit

Johann Reiß

Martin Wenning

Hans Erhorn

Lothar Rouvel

Solare Fassadensysteme

Energetische Effizienz - Kosten - Wirtschaftlichkeit

Fraunhofer IRB Verlag

Bibliografische Information Der Deutschen Bibliothek

Die Deutsche Bibliothek verzeichnet diese Publikation in der Deutschen
Nationalbibliografie; detailllerte bibliografischc Daten sind im Internet über
<http://dnb.ddb.de> abrufbar
ISBN 3-8167-6433-9

Umschlaggestaltung: Martın Kjer
Herstellung: Dietmar Zimmermann
Satz und Layout: Robert Turzer/Florian Rosenkranz, Tübingen
Druck: Bräuer GmbH, Weilheim/Teck

Für den Druck des Buches wurde chlor- und säurefreies Papier verwendet

 Diese Publikation entstand im Rahmen des Begleitforschungsprojektes
des Förderkonzeptes „Energetische Sanierung der Bausubstanz (EnSan)" des
Bundesministeriums für Wirtschaft und Arbeit (BMWA).

© Fraunhofer IRB Verlag, 2005
Fraunhofer-Informationszentrum Raum und Bau IRB
Postfach 80 04 69, D-70504 Stuttgart
Telefon   (07 11) 970-25 00
Telefax   (07 11) 970-25 08
e-mail: info@irb.fraunhofer.de
http://www.IRBbuch.de

Vorwort

Volkswirtschaftlich und umweltpolitisch herrscht europaweit Einigkeit darüber, dass der Energieverbrauch im Gebäudebereich signifikant reduziert werden muss. Durch die Erfolge der baulichen Forschungs- und Entwicklungstätigkeit der letzten 20 Jahre auf dem Gebiet der baulichen Energieeinsparung konnten die gesetzlichen Anforderungen an den maximalen Primärenergiebedarf von Neubauten bei gleichzeitiger Erhöhung des thermischen Komforts auf einen Bruchteil früherer Werte abgesenkt werden. Da ca. 95 % der Energie für Raumheizung und Trinkwassererwärmung in Gebäuden verbraucht wird, die vor 1983 erstellt wurden, ist es notwendig, diese Gebäudekategorie stärker in den Fokus der Bemühungen zu stellen. Die Industrie hat im Rahmen von Forschungsvorhaben Produkte und Techniken entwickelt, die auch im Bereich der Gebäudesubstanz hohe Einsparungen ermöglichen. Damit diese Entwicklungen bei der energetischen Gebäudesanierung eine breite und schnelle Umsetzung erfahren, hat das Bundesministerium für Wirtschaft und Arbeit (BMWA) 1998 das Förderkonzept „Energetische Verbesserung der Bausubstanz (EnSan)" gestartet. Das Förderkonzept setzt sich aus mehreren Teilkonzepten zusammen. Einen Schwerpunkt stellt dabei das Teilkonzept „Demonstrationsprojekte" dar. Die gewonnenen verallgemeinerungsfähigen Erkenntnisse aus den realisierten Objekten werden in einer Buchreihe veröffentlicht.

In diesem Buch liegt das Augenmerk speziell auf den solaren Fassadensystemen, die im Rahmen von Sanierungen umgesetzt wurden. Es werden daher gezielt EnSan-Demonstrationsvorhaben mit ausgeführten und untersuchten solaren Fassadensystemen beschrieben. Einige Vorhaben sind bereits abgeschlossen, andere befinden sich noch in der Ausführungsphase. Zu solaren Fassadensystemen rechnet man passive Systeme wie beispielsweise Fenster, Atrium, Wintergarten, transparente Dämmung und Doppelfassade. Daneben zählen Hybridsysteme wie Bauteilaktivierung mit Luft/Wasser sowie hybride transparente Wärmedämmung ebenso zu den solaren Fassadensystemen, wie auch die aktiven Systeme der direkten Zulufterwärmung mittels Luftkollektoren und die speichergestützten Systeme für die Trinkwassererwärmung und Raumheizung. Anhand ausgeführter Demonstrationsvorhaben erfolgt die Beschreibung und Funktionsweise der solaren Komponenten. Ferner werden die durch die Systeme bewirkten, real gemessenen Energiegewinne dargestellt. Neben den Energiegewinnen sind auch die Investitionskosten angegeben. Dies ermöglicht die Darstellung der Wirtschaftlichkeit. Um eine möglichst breite Datenbasis zu erhalten, wurden neben den EnSan-Demoprojekten zusätzlich auch andere Forschungsvorhaben des Alt- und Neubaus herangezogen. Die Auswertung und

Gegenüberstellung aller solaren Systeme zeigt die energetische, kostenmäßige und wirtschaftliche Rangfolge.

Bauherren, Architekten sowie Energieberatern werden die unterschiedlichen solaren Fassadensysteme und deren Einsatzmöglichkeiten im Bereich der Gebäudesanierung aufgezeigt. Durch Angabe der energetischen, kostenmäßigen und wirtschaftlichen Effizienz erfolgt eine belastbare Einschätzung der zu erwartenden Energieeinsparung und der entstehenden Investitionskosten. Dies kann dem Planer in der frühen Planungsphase helfen, wenn für zusätzliche solare Komponenten nur ein bestimmter finanzieller Betrag zur Verfügung steht, diesen gezielt im Sinne maximaler Energieeinsparung einzusetzen.

Das Buch entstand im Rahmen der vom Bundesministerium für Wirtschaft und Arbeit (BMWA) geförderten EnSan-Begleitforschung, die vom Fraunhofer-Institut für Bauphysik und der Technischen Universität München durchgeführt wird. Wir bedanken uns beim Fördermittelgeber und beim Projektträger Jülich für die uns gewährten Rahmenbedingungen. Unser Dank gilt ferner Herrn Dipl.-Ing. Alexander Blaha und Herrn Dipl.-Ing. Peter Deutscher für die Mitarbeit bei der Erstellung des Buchmanuskriptes. Frau Irmgard Haug möchten wir unseren Dank für die graphische Bearbeitung und dem Verlag für die gute Zusammenarbeit aussprechen.

Die Autoren

Inhalt

1 Einleitung

Damit der Energieverbrauch unserer Gesellschaft durch den ständig wachsenden Lebensstandard und die zunehmende Automatisierung nicht weiter ansteigt, muss mit Energie sorgsam umgegangen werden. Ein geringer Energieverbrauch schont die wertvollen Ressourcen und schützt das Klima. Zirka ein Drittel des gesamten Endenergieverbrauchs in Deutschland wird allein für die Raumheizung aufgewendet. Unterschiedliche Studien zeigen, dass in diesem Bereich ein hohes Einsparpotenzial vorliegt [1].

Obwohl diese Erkenntnisse nicht bestritten werden, ist bei den Hausbesitzern immer noch eine große Zurückhaltung zu beobachten [2]. Eine Umsetzung der energetischen Sanierung auf freiwilliger Basis ist jedoch nur möglich, wenn die Gebäudeeigentümer auch dazu bereit sind, die entsprechenden Maßnahmen durchzuführen. Im Neubaubereich hat es sich bereits gezeigt, dass durch mustergültige Demonstrationsvorhaben die Akzeptanz und Bereitschaft gesteigert werden kann.

Das Bundesministerium für Wirtschaft und Arbeit (BMWA) hat daher 1998 im Rahmen des Förderkonzeptes „Energetische Sanierung der Gebäudesubstanz (EnSan)" Demonstrationsprojekte gestartet, um für den gesamten Gebäudebereich beispielhafte Sanierungslösungen zu zeigen und so zum Nachahmen anzuregen. Bei den Demonstrationsvorhaben sollen integrale Sanierungskonzepte, bestehend aus aufeinander abgestimmten Maßnahmen an der Gebäudehülle sowie der Anlagen- und Regelungstechnik, als „Paketlösungen" realisiert werden. Bei der Gebäudeauswahl sollen solche bevorzugt werden, deren Sanierung aus vielerlei Gründen ohnehin erforderlich ist. Mit der Begleitforschung beauftragte das Bundesministerium für Wirtschaft und Arbeit (BMWA) das Fraunhofer-Institut für Bauphysik und die Technische Universität München. Im Rahmen dieser Arbeit ist bereits das Buch mit dem Titel „Energetisch sanierte Wohngebäude, Maßnahmen – Energieeinsparung – Kosten" [3] veröffentlicht worden. Die Reduzierung des Energieverbrauchs für Beheizung und Brauchwassererwärmung erfolgt im Wesentlichen durch Dämmung der Gebäudehülle, durch Ertüchtigung der Anlagentechnik und durch effektive Solarenergienutzung. Bei jedem Gebäude wird seit jeher Sonnenenergie über die Fenster genutzt. Weitere solare Nutzungskomponenten stellen Wintergärten, Atrien, transparente Wärmedämmungen (TWD), hybride transparente Wärmedämmungen (HTWD), Hybridsysteme mit Luftkollektoren oder mit thermischen Kollektoren für die Brauchwassererwärmung und Heizungsunterstützung dar. In einigen bereits abgeschlossen EnSan-Demonstrationsvorhaben sind solare Komponenten umgesetzt, messtechnisch untersucht und ausgewertet worden. Ferner enthalten auch EnSan-Demoprojekte, die sich derzeit noch in der Messphase befinden, solare Energie-gewinnkomponenten.

Im vorliegenden Buch werden diese solaren Komponenten, die entweder zur Einsparung von Heizenergie oder zur Unterstützung der Brauchwassererwärmung beitragen, einander in energetischer, kostenmäßiger und wirtschaftlicher Hinsicht gegenübergestellt. Das Buch trägt den Titel „Solare Fassadensysteme", da die solaren Komponenten überwiegend Bestandteile der Fassade (Fenster, transparente Wärmedämmung, hybride transparente Wärmedämmung, Glas-Doppelfassaden) darstellen. Auch luft- und wassergeführte Kollektoren sind häufig in der Fassade integriert.

Die Solarenergienutzung der einzelnen Systeme beruht auf unterschiedlichen physikalischen Prinzipien. Manche Systeme nutzen die Sonnenenergie ganz-jährig, andere nur während der Heiz- und Übergangsperiode. Bei der Planung eines neuen oder der Sanierung eines bestehenden Gebäudes ist es wichtig zu wissen, welches energetische Einsparpotenzial durch Einsatz solarer Systeme erwartet werden kann. Neben dem Einsparpotenzial sind auch Kosten und Wirt-schaftlichkeit von Bedeutung.

Die in den EnSan-Demovorhaben umgesetzten solaren Systeme werden hin-sichtlich dieser Kriterien ausgewertet und gegenübergestellt. Da auch außerhalb des Forschungsvorhabens EnSan in früheren Demonstrationsprojekten solare Komponenten eingesetzt und untersucht worden sind, werden auch diese Ergeb-nisse herangezogen und dargestellt. Ferner fließen Ergebnisse von Neubau-Demonstrationsvorhaben ein, da sich die Energieeffizienz und oft auch die Kosten der solaren Maßnahmen häufig nicht von Sanierungsprojekten unterscheiden. Vereinzelt werden auch Rechenergebnisse von veröffentlichten Forschungsvor-haben bewertet. Das Heranziehen von ausgeführten Demoprojekten hat gegen-über Simulationen und Kostenschätzungen den Vorteil, dass es sich um reale Ergebnisse handelt, die unter praktischen Bedingungen erzielt wurden. Da sich die Demogebäude voneinander unterscheiden, weisen auch die erzielten Ergeb-nisse teilweise einen großen Schwankungsbereich auf. Daran ist allerdings wiederum das Einspar- und Kostenpotenzial innerhalb einer solaren Komponente zu erkennen.

Der gewählte Energie- und Kostenbezug sowohl auf die Bauteilfläche der ent-sprechenden Komponente als auch auf die beheizte Wohnfläche ermöglicht dem Gebäudeplaner eine leichte Einordnung der Maßnahme. Die Ermittlung der Gestehungskosten für die eingesparte Kilowattstunde ermöglicht ferner die Angabe einer Rangfolge für die unterschiedlichen solaren Maßnahmen.

2   Auswertemethodik

In der Vergangenheit wurden schon viele unterschiedliche Forschungsprojekte mit dem Ziel durchgeführt, den Heizenergieverbrauch zu reduzieren. Es handelt sich hierbei um Forschungsvorhaben mit aktiven, passiven oder auch kombinierten Systemen. Die erzielten Ergebnisse sind unterschiedlich und zeigen einen großen Schwankungsbereich auf. Gebäude- oder Anlagenplaner, die solche innovativen Komponenten planen, interessieren sich für die Kosten und auch für die zu erwartende Reduzierung des Heizenergieverbrauchs. Ein übliches Maß für die Kosten ist der Bezug auf die Fläche des entsprechenden Bauteils. Häufig stellt auch der Bezug auf die beheizte Wohnfläche ein anschauliches Maß dar. Bei der Reduzierung des Energieverbrauchs verhält es sich in ähnlicher Weise. Bei der Bewertung der Komponenten werden daher sowohl die Kosten als auch die Energieeinsparraten, wenn dies die Datenquellen zulassen, bauteilflächen- und wohnflächenbezogen dargestellt. Bei der Gegenüberstellung der Wirtschaftlichkeit der Maßnahmen müssen neben den Kosten auch die reduzierten Heizenergieverbräuche berücksichtigt werden.

Die Wirtschaftlichkeitsbetrachtung kann statisch oder dynamisch erfolgen. Bei der statischen Methode werden die Zinsen für das aufgenommene Kapital nicht berücksichtigt. Diese Methode eignet sich für den direkten Vergleich der Maßnahmen, für Wirtschaftlichkeitsaussagen sind dynamische Verfahren geeigneter. Eine übliche Methode stellt das Annuitätsverfahren dar, das im Folgenden für die Wirtschaftlichkeitsbetrachtungen auch zum Einsatz kommt [4].

Es wird angenommen, dass die Mehrkosten K_0 der Maßnahme am Kapitalmarkt zu einem Zinssatz i aufgenommen und in n Jahren in gleichen Raten zurückgezahlt werden. Die Höhe der Annuität oder jährlichen Rückzahlungsrate beträgt:

$$\text{Annuität} = K_0 \cdot \frac{(q-1) \cdot q^n}{q^n - 1}$$

K_0: Am Kapitalmarkt aufgenommenes Kapital für die Maßnahme
q: $1 + (i/100)$
i: Zinssatz
n: Jahre

Die Annuitäten entsprechen den Raten, die für Zins und Tilgung n Jahre lang an die Bank bezahlt werden müssen, um das aufgenommene Kapital zurückzubezahlen.

Eine Maßnahme kann als neutral angesehen werden, wenn während der angenommenen Lebensdauer (n Jahre) der Komponente die jährlich eingesparten Heizkosten gerade den jährlichen Annuitäten entsprechen. Die Heizkostenersparnis ergibt sich aus der Heizenergieeinsparung ΔQ und dem Energiepreis p_E.

$$\Delta Q \cdot p_E = K_0 \cdot \frac{(q-1) \cdot q^n}{q^n - 1}$$

Durch Umformen dieser Gleichung ist bei vorgegebenem Energiepreis die Berechnung der Amortisationszeit möglich. Für die folgende Bewertung und Gegenüberstellung der Wirtschaftlichkeit der Maßnahmen wird jedoch die Lebensdauer vorgegeben und der sich ergebende Energiepreis ermittelt.

$$p_E = \frac{K_0}{\Delta Q} \cdot \frac{(q-1) \cdot q^n}{q^n - 1} = \frac{K_0}{\Delta Q} \cdot a$$

Mit Annuitätsfaktor $a = \dfrac{(q-1) \cdot q^n}{q^n - 1}$

Der so ermittelte Preis stellt die Gestehungskosten für eine eingesparte Kilowattstunde dar. Somit ist auch ein Vergleich mit unterschiedlichen Energieträgern möglich. Die rechnerische Lebensdauer wird für bauliche Anlagen mit 40 Jahren und für haustechnische Anlagen mit 20 Jahren angenommen. Als Zinssatz i werden 6 % zugrunde gelegt. Diese Annahmen wurden auch bei der Wirtschaftlichkeitsbetrachtung der Solaranlagen im Rahmen von Solarthermie2000 [5] getroffen. Für die baulichen und haustechnischen Anlagen ergeben sich mit diesen Annahmen folgende Annuitätsfaktoren:

Bauliche Anlagen

$$a = \frac{\left(1 + \frac{6}{100} - 1\right) \cdot \left(1 + \frac{6}{100}\right)^{40}}{\left(1 + \frac{6}{100}\right)^{40} - 1} = 0{,}0665$$

Haustechnische Anlagen

$$a = \frac{\left(1 + \frac{6}{100} - 1\right) \cdot \left(1 + \frac{6}{100}\right)^{20}}{\left(1 + \frac{6}{100}\right)^{20} - 1} = 0{,}0872$$

Energiepreissteigerungen und Inflationsraten sind bei dieser einfachen Betrachtung nicht berücksichtigt.

3   EnSan-Demonstrationsprojekte

Mit den Demonstrationsprojekten sollen integrale Sanierungskonzepte im Gebäudebestand umgesetzt werden, die sowohl die wärmeübertragende Hülle als auch die Anlagentechnik umfassen. Es geht dabei nicht um Unikate, an denen alles technisch Machbare gezeigt wird, sondern um Beispiele mit Vorbildcharakter, die zur Nachahmung geeignet sind. Neue bauliche und anlagentechnische Entwicklungen sowie Innovationen sollen bei der Umsetzung Berücksichtigung finden. Dabei können auch Komponenten zum Einsatz kommen, die eventuell erst in der Zukunft eine Wirtschaftlichkeit aufweisen. Als Ziel muss der Endenergieverbrauch für Heizung, Lüftung und Brauchwassererwärmung gegenüber dem Ausgangszustand um mehr als 50% reduziert werden. Bei Nichtwohngebäuden ist zusätzlich noch die Energie für Beleuchtung und Kühlung zu berücksichtigen. Der Stromverbrauch ist dabei mit dem Primärenergiefaktor gemäß GEMIS [6] zu multiplizieren.

3.1   Gebäudetypologie

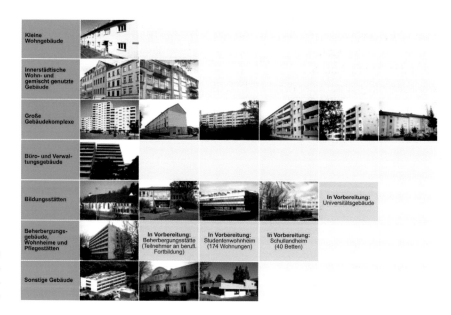

Abb. 1: Im Rahmen von EnSan untersuchte Gebäudetypen

14

Die Demonstrationsvorhaben sollen im Wesentlichen den gesamten Gebäudebestand im Wohn- und Nichtwohnbereich abdecken. Abb. 1 zeigt die derzeit im En-San-Demonstrationsvorhaben eingebundenen Projekte. Es handelt sich um 18 Gebäude. Objekte mit ähnlichen Eigenschaften befinden sich jeweils in einer Gebäudegruppe. Es wurden folgende Gebäudegruppen festgelegt:

- Kleine Wohngebäude
- Innerstädtische Wohn- und gemischt genutzte Gebäude
- Große Gebäudekomplexe
- Büro- und Verwaltungsgebäude
- Bildungsstätten
- Beherbergungsgebäude, Wohnheime und Pflegestätten
- Sonstige Gebäude

Die letzte Gruppe „Sonstige Gebäude" enthält Objekte, die sich keiner vorhergehenden Kategorie zuordnen lassen.

Aktuelle und weitere Informationen sind im Internet unter www.EnSan.de zusammengestellt.

Die Forschungsvorhaben von drei großen Wohngebäuden und einer Schule sind komplett abgeschlossen. In allen drei Wohngebäuden sind unterschiedliche solare Systeme bzw. solare Fassaden umgesetzt und im Rahmen der Messphase auch bewertet worden. Vier weitere noch laufende Vorhaben enthalten ebenfalls solare Systeme. Unter den Ziffern 3.2 bis 3.8 sind die Demovorhaben mit den solaren Fassadensystemen beschrieben. Dabei werden von den fertiggestellten und ausgewerteten Vorhaben alle durchgeführten Sanierungsmaßnahmen dargestellt. Die genaue Beschreibung und Bewertung der solaren Komponenten erfolgt jedoch unter den Ziffern 4 bis 6. Die vier noch in der Messphase befindlichen Vorhaben werden hingegen nur kurz dargestellt. Es ist geplant, die solaren Systeme dieser Vorhaben nach Projektabschluss noch in die Bewertung mit aufzunehmen und in der nächsten Buchauflage zu veröffentlichen.

3.2 Demonstrationsvorhaben Wittenberg

3.2.1 Ist-Zustand vor Sanierung

Gebäude

Bei dem Demonstrationsvorhaben Wittenberg (FKZ 0329750B) handelt es sich um einen fünfgeschossigen Plattenbau der Wittenberger Wohnungsbau Gesellschaft mbH in der Straße der Befreiung 5–12 in Lutherstadt Wittenberg. Das 1976 errichtete Gebäude besteht aus zwei Gebäudeteilen des Plattenbautyps P2 mit je 40 Wohneinheiten. Es weist in den Längsfassaden eine Nord- Süd-Orientierung auf und wurde vollständig aus Fertigteilen montiert. Charakteristisches Merkmal ist die Zweispänner-Sektion (2 Wohnungen je Etage), wobei die Wohnungen um ein innenliegendes, quadratisches Treppenhaus angeordnet sind. Die Wohnungen haben innenliegende Küchen und Bäder. Die Gebäudenutzfläche A_N errechnet sich zu ca. 4865 m^2, die beheizte Wohnfläche WF beträgt ca. 4350 m^2 und das A/V-Verhältnis liegt bei 0,34 m^{-1}.

An diesem typischen Gebäudevertreter der Plattenbauweise der DDR sollte untersucht werden, ob eine Sanierung auf das Heizwärmebedarfsniveau von Niedrigenergiehäusern möglich ist. Im November 1997 war mit der Planung begonnen worden, im März 1998 wurden die Bauarbeiten aufgenommen. Zu Beginn der Heizperiode 1998 begann dann der Probebetrieb der haustechnischen Anlagen. Inzwischen ist das Forschungsvorhaben abgeschlossen [7]. In der EnSan-Gebäudetypologie gehört das Projekt zu den „Großen Wohnkomplexen".

Abb. 2: Südansicht des Demonstrationsprojekts vor der Sanierung

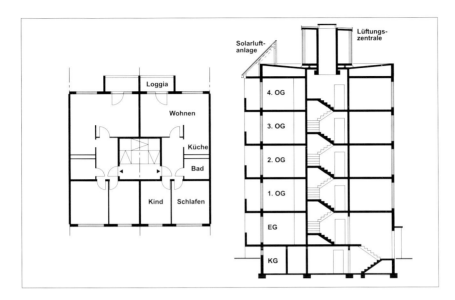

*Abb. 3: Grundriss-
ausschnitt (Mittel-
segment 2.–5. Ge-
schoss), Gebäude-
aufriss nach der
Sanierung*

Hüllflächenbauteile

Die Außenwände bestehen aus zweischichtigen Schwerbetonplatten mit einer 5 cm dicken innenliegenden Dämmschicht. Für die Dämmschicht der Längsfassade wurden Holzwolle-Leichtbauplatten verwendet, an den Giebelseiten besteht die Dämmschicht aus Polystyrol-Hartschaum.

Bei den vorhandenen Fenstern handelt es sich um undichte Holz-Verbundfenster. Den oberen Gebäudeabschluss bildet ein bekriechbares Kaltdach aus Stahlbeton-elementen. Die ursprüngliche Kellerdecke beinhaltet lediglich eine 1 cm dicke Mineralwolleplatte. In Tab. 1 sind die bauphysikalischen Kenndaten der Hüllflächenbauteile dargestellt.

Anlagentechnik

Die Heizanlage des Gebäudes wird über einen Fernwärmeanschluss versorgt. Der Hausanschluss befindet sich außerhalb des Gebäudes. Im Gebäude wurde eine senkrechte Einrohrheizung mit unterer Verteilung als Tichelmann-Rohr-führung eingesetzt. Die Regelung der Raumlufttemperatur durch den Bewohner erfolgt mittels Thermostatventil. Die innenliegenden Küchen und Bäder besitzen keine Heizkörper. Die ursprüngliche dezentrale Warmwasserbereitung mittels Gasdurchlauferhitzern wurde im Rahmen von vorangegangenen Sanierungs-maßnahmen durch eine zentrale Warmwasserbereitung ersetzt. Dabei kam anstelle einer Zirkulationsleitung ein elektrisches Begleitheizsystem für die Kellerverteilung und die Steigstränge der Warmwasserversorgung zur Anwen-dung. Seit dem Wegfall der Gasdurchlauferhitzer funktioniert die ursprünglich

Bauteil	Aufbau	Dicke [mm]	U-Wert [W/m²K]
Außenwand (Längsfassade)	Putz	15	1,26
	Holzwolle-Leichtbauplatte	50	
	Stahlbeton	140	
	Wetterschutzschicht	15	
Außenwand (Giebel)	Stahlbeton	150	0,59
	Luftspalt	35	
	Polystyrol	50	
	Stahlbeton mit Wetterschutz	150	
Fenster	Holzverbundfenster	–	3,1
Oberste Geschoss-decke	Stahlbeton	140	0,62
	Mineralwolleplatten	60	
Kellerdecke	Fußbodenbelag	3	1,46
	Zementestrich	35	
	Bitumenpappe	2	
	Mineralfaserplatte	10	
	Stahlbeton	140	

Tab. 1: Bau-physikalische Kenndaten vor der Sanierung

als kombiniertes Abluft-Abgas-System konzipierte Anlage als reine Entlüftungs-anlage mit Dachventilator. Die Außenluft strömt über die Fensterfugen nach.

Energieverbrauch

Der gemessene Fernwärmeverbrauch für die Heizung und die Warmwasserbe-reitung lag vor der Sanierung bei ca. 209 kWh/m²$_{WF}$a, wobei nach Schätzung von [7] etwa 33 kWh/m²$_{WF}$a auf die Warmwasserbereitung entfielen. Der Primär-energieverbrauch lag bei ca. 220 kWh/m²$_{WF}$a.

Schäden

Das Gebäude wies vor der Sanierung eine Reihe gravierender Bauschäden wie beispielsweise Durchfeuchtung, Korrosion oder Risse auf.

Abb. 4: Betonabplat-zungen und Risse in der Außen-wand

3.2.2 Zustand nach erfolgter Sanierung

Zielvorgabe war, den Jahresheizwärmebedarf auf das Niveau eines Niedrigenergie-hauses zu reduzieren. Hierzu sollte der Jahresheizwärmebedarf auf die Hälfte des für Neubauten mit gleichem A/V-Verhältnis maximal zugelassenen Jahresheizwär-mebedarfs der zu Projektbeginn gültigen Wärmeschutzverordnung 95 reduziert werden. Zudem sollte durch die umfangreiche Modernisierung (sanitäre Anlagen, Wohnumfeld etc.) ein Steigerung der Wohnqualität erfolgen.

Abb. 5: Südansicht des sanierten Demonstrations-gebäudes

Hüllflächenbauteile

Im Rahmen der Sanierung erhielten die Außenwände ein Wärmedämmverbund-system. Unter Berücksichtigung der unterschiedlichen Ausgangssituation für Fassade und Giebel wurden verschiedene Dämmstärken aufgebracht. Die vorhan-denen, bereits undichten Fenster wurden durch Fenster mit Wärmeschutzvergla-sung ersetzt. Da eine Zuluftanlage mit geringfügigem Überdruck zu installieren war, wurde auf eine hohe Dichtheit der Fenster Wert gelegt. Aufgrund der schlechten Zugänglichkeit des über dem obersten Geschoss liegenden Drempel-geschosses konnte die Dachdämmung nicht in Form von Platten verlegt, sondern musste eingeblasen werden. Verwendet wurden Steinwolleflocken mit Faserbin-dung zu einer Schichtdicke von 20 cm. Die Kellerdecke wurde mit Platten aus Mineralfaserlamellen mit mineralischem Oberflächenschutz beklebt.

Bauteil	Aufbau	Dicke [mm]	U-Wert [W/m²K]
Außenwand (Längsfassade)	Putz	15	0,36
	Holzwolle-Leichtbauplatte	50	
	Stahlbeton	140	
	Wetterschutzschicht	15	
	Wärmedämmverbundsystem	80	
Außenwand (Giebel)	Stahlbeton	150	0,31
	Luftspalt	35	
	Polystyrol	50	
	Stahlbeton mit Wetterschutz	150	
	Wärmedämmverbundsystem	60	
Fenster	Wärmeschutzverglaste Fenster	–	1,3
Oberste Geschoss-decke	Stahlbeton	200	0,21
	Mineralwolleflocken		
Kellerdecke	Fußbodenbelag	3	0,41
	Zementestrich	35	
	Bitumenpappe	2	
	Mineralfaserplatte	10	
	Stahlbeton	140	
	Mineralwolleplatten	80	

Tab. 2: Bauphysikalische Kenndaten nach erfolgter Sanierung

Anlagentechnik

Das bisherige Ein-Rohrsystem wurde durch ein Zwei-Rohrsystem mit unterer Verteilung und senkrechten Steigsträngen ersetzt. Der Anschlusswert der Fernwärmeübergabe wurde von ehemals 220 kW auf 115 kW gesenkt. Für die Heizung wäre nur ein Anschlusswert von 95 kW notwendig. Da jedoch die Wärmebereitstellung für die Warmwasserbereitung und die Luftnacherwärmung vorhanden sein muss, sind 115 kW notwendig (75 kW + 40 kW).

Die Trinkwassererwärmung erfolgt separat mittels Fernwärme nach dem Speicherladeprinzip und in den Sommermonaten zusätzlich über eine solare Frischwasservorwärmung im Durchflussprinzip.

Im Rahmen der Sanierung wurde das Gebäude mit einer mechanischen Be- und Entlüftungsanlage mit Wärmerückgewinnung und solarer Vorwärmung der Außenluft ausgestattet. Zur solaren Vorwärmung sind SOLARWALL-Luftkollektoren in optisch ansprechender Form auf den Loggiadächern bzw. dem Flachdach angebracht. In den Sommermonaten wird die solar erwärmte Luft mittels Stellklappen durch einen Luft-Wasser-Wärmetauscher geführt und somit zur Erwärmung des Brauchwassers genutzt.

Die gesamte Regelungsanlage für die zentrale und dezentrale Luftbehandlung, für die Trinkwarmwasserbereitung und für die Wärmeerzeugung wird über ein

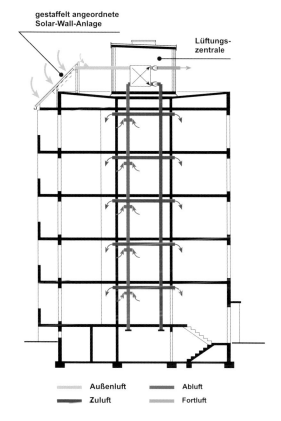

gestaffelt angeordnete
Solar-Wall-Anlage

Lüftungs-
zentrale

| | Außenluft | | Abluft |
| | Zuluft | | Fortluft |

*Abb. 6: Lüftungs-
schema nach der
Sanierung*

Energiemanagementkonzept so geführt, dass vorausschauend und zeitgesteuert unter Einbeziehung des Speicherverhaltens des Gebäudes und der Warmwasserspeicher der Einsatz konventioneller Energieträger minimiert wird.

3.2.3 Messergebnisse

Gemäß [7] wird als Zielwert für den Jahresenergieverbrauch (Fernwärme) für Heizung, Lüftung und Warmwasserbereitung 93,8 kWh/m^2_{WF}a genannt. Dieser Wert berücksichtigt die Umwandlungs-, Fortleitungs- und Übergabeverluste, die Verteilsystemverluste des Nahwärmenetzes sowie die Standortkorrektur für das Gebäude in Wittenberg gegenüber dem mittleren Standortwert in der Wärmeschutzverordnung 95. Die im eingefahrenen Zustand gemessenen klimabereinigten Verbrauchswerte konnten diese Zielvorgabe leicht unterschreiten. Verglichen mit dem Ausgangszustand ergibt sich unter primärenergetischer Sichtweise eine Verbrauchsreduktion von 51 %.

Tab. 3:
Spezifische klima-
bereinigte Ver-
brauchswerte des
Gebäudes nach der
Sanierung

Bauteil	Wohnflächenspezifischer Verbrauch [kWh/m²a]	
	Fernwärme	Elektroenergie
Heizung	45,5	3,3
Lüftung	26,9	4,1
Warmwasserbereitung	13,4	0,2
Gesamt	85,8	7,6

Tab. 4: Primär-
energetische Be-
trachtung des
Gesamtverbrauchs
nach EnSan-Kriterien

Bezeichnung	Primärenergetischer bewerteter Verbrauch
Vor der Sanierung [kWh/m²a]	ca. 220
Nach der Sanierung [kWh/m²a]	107
Prozentuale Einsparung [%]	51

Insgesamt betragen die Bruttoinvestitionen (ohne Planungskostenanteil) ca. 2,18 Mio. €, davon sind ca. 1,16 Mio. € energetisch relevant. Bei einer Nutzfläche A_N von ca. 4865 m² ergeben sich somit spezifische Bruttoinvestitionen von ca. 448 €/m²$_{NF}$ für die Gesamtbaumaßnahmen. Für den energierelevanten Teil ergeben sich ca. 238 €/m²$_{NF}$.

Unter Ziffer 6.1 finden sich weitere, detaillierte Angaben und Messergebnisse zu den solaren Komponenten dieses Demonstrationsprojektes.

3.3 Demonstrationsvorhaben Emrichstraße

3.3.1 Ist-Zustand vor Sanierung

Gebäude

Bei dem Demonstrationsvorhaben Emrichstraße (FKZ 0329750 C) handelt es sich um drei Anfang der 60er-Jahre errichtete, viergeschossige Gebäude in Streifenbauweise der Köpenicker Wohnungsgesellschaft mbH (KÖWOGE) in der Emrichstraße in Berlin-Friedrichshagen. Sie weisen in den Längsfassaden eine Nord-Süd-Orientierung auf.

In den drei Gebäuden sind jeweils 32 Wohnungen untergebracht. Die Grundrisse sind als Zweispänner (2 Wohnungen je Etage) ausgelegt. Die Küchen und Bäder sind mit Fenstern ausgestattet. Die Nutzfläche A_N jedes Gebäudes beträgt rd. 2300 m², die beheizte Wohnfläche liegt bei 1937 m². Das Forschungsvorhaben wurde von ASSMANN Beraten + Planen GmbH bearbeitet, es ist inzwischen ausgewertet und abgeschlossen [8]. Gemäß der EnSan-Gebäudetypologie ist das Gebäude den „Großen Wohnkomplexen" zuzuordnen.

*Abb. 7: Gebäude-
ansichten im un-
sanierten Zustand*

Hüllflächenbauteile

Die Außenwände der Gebäude bestehen aus geschosshohen Plattenstreifen mit einem 26 cm dicken Kern aus Leichtbeton, der innen und außen mit einer 1,5 cm dicken Feinbetonschicht umgeben ist. Eine Dämmung ist nicht vorhanden. Die Rohdichte des Leichtbetons der Längs- und Giebelwände liegt bei 1360 kg/m³ und 1450 kg/m³. Bei den Fenstern der Wohnungen handelt es sich um Holz-Verbund-fenster. Im Treppenhaus wurden einfachverglaste Holzrahmenfenster verwendet.

23

Der obere Gebäudeabschluss wird durch ein flach geneigtes Satteldach in Kaltdachbauweise gebildet. Der belüftete Dachraum hat eine Höhe von ca. 60 cm an den Traufen und bis ca. 130 cm im Firstbereich. Die oberste Geschossdecke besitzt in Abweichung zu den Typenunterlagen keine oberseitige Wärmedämmung. Die Kellerdecke ist mit einer 3 cm dicken Fußbodendämmplatte wärmegedämmt. In Tab. 5 sind sowohl der Aufbau als auch die U-Werte der Hüllflächenbauteile dargestellt.

Bauteil	Aufbau	Dicke [mm]	U-Wert [W/m^{2}K]
Außenwand (Längsfassade)	Feinbeton	15	1,71
	Leichtbeton	260	
	Feinbeton	15	
Außenwand (Giebel)	Feinbeton	15	1,85
	Leichtbeton	260	
	Feinbeton	15	
Fenster	Holzverbundfenster	–	2,5
Oberste Geschossdecke	Abdichtung, bituminiert	10	3,33
	Betondachplatten	60	
	Luftraum, durchlüftet	900	
	Betondecke	190	
Kellerdecke	Gipsausgleich	10	1,46
	Fußbodendämmplatte	30	
	Schlackenschüttung	20	
	Dichtungsbahn	–	
	Betondecke	140	

Tab. 5: Bauphysikalische Kenndaten vor der Sanierung

Anlagentechnik

Die ursprüngliche Einrohrheizung mit Konvektortruhen wurde bereits 1994 durch eine neue Zweirohrheizung mit witterungsgeführter Vorlauftemperaturregelung (t_V/t_R: 85/55 °C) ersetzt. Die Wärmebereitstellung erfolgt durch einen Fernwärmeanschluss mit einer Leistung von 250 kW. Die dezentrale Warmwasserbereitung mit Gas-Durchlauferhitzern stammt noch aus der Bauzeit. Die Gebäude besitzen keine Lüftungsanlage und werden nur über die Fenster belüftet.

Energieverbrauch

Der Heizenergieverbrauch (Fernwärme) lag vor der Sanierung bei ca. 195 kWh/m$^2_{WF}$a, auf die Warmwasserbereitung entfielen ca. 29 kWh/m$^2_{WF}$a. Der Primärenergieverbrauch betrug rd. 225 kWh/m$^2_{WF}$a.

Schäden

Die Gebäude wiesen vor der Sanierung eine Reihe gravierender Bauschäden auf. In den Außenwänden gab es tiefgehende Risse, aufgerissenen Fugenmörtel sowie beschädigte Fugendichtmassen. Die Fugen zwischen den Streifenelementen waren undicht. An der Nordfassade waren vereinzelt Feuchteschäden festgestellt worden. Der Außenanstrich der Gebäude war größtenteils verwittert. Die Fenster waren reparaturbedürftig, der Anstrich oft stark beschädigt und aufgrund verzogener Flügelrahmen nicht mehr dicht. Die Dachabdichtung war teilweise defekt, eine Wärmedämmung nicht vorhanden.

3.3.2 Zustand nach erfolgter Sanierung

Mit der Sanierung wurden bei den einzelnen Gebäuden unterschiedliche energetische Konzepte realisiert, die einen Effizienzvergleich der jeweiligen Maßnahmen ermöglichen. Projektstart war im Mai 1998. Die Baumaßnahmen wurden im Herbst 1999 abgeschlossen; das Vorhaben lief einschließlich der Messungen und Auswertungen bis Sommer 2001.

Abb. 8: Gebäudeansichten im sanierten Zustand

Die Gesamtstrategie der Modernisierung beruht darauf, abgestufte energetische Standards zu schaffen, um die Effizienz konventioneller und innovativer Konzepte im Vergleich praxisnah ermitteln zu können. Eines der Gebäude erhielt als „Referenzobjekt" für die beiden Solargebäude eine opake Wärmedämmung. Die beiden anderen Gebäude erhielten zudem solare Komponenten, die sich hinsichtlich der Qualität von Kollektoren, transparenter Wärmedämmung und Regelungstechnik unterscheiden. Während der eine Block mehr hinsichtlich der Wirtschaftlichkeit optimiert wurde (sol ‚wirt'), sollte der andere Block mehr das technisch Machbare aufzeigen (sol ‚max').

Dämmung der obersten Geschossdecke (alle Gebäude)

Wärmeschutzverglaste Fenster (alle Gebäude)

Wärmeschutzverglaste Loggiaelemente (alle Gebäude)

Dämmung der Fassade (alle Gebäude)

Dämmung der Kellerdecke (alle Gebäude)

Sonnenkollektoren zur
Brauchwasserbereitung
und Heizungsunterstützung

Sonnenkollektoren zur
Brauchwasserbereitung

Programmierbare
Heizungsregelung

Transparente Wärmedämmung (Profilsystem)
zur solaren Heizungsunterstützung

Transparentes Wärmedämmverbundsystem
zur solaren Heizungsunterstützung

*Abb. 9: Isometrie
der Gebäude des
Modellvorhabens
mit Auflistung der
Maßnahmen [8]*

Hüllflächenbauteile

Im Rahmen der Sanierung wurde auf die Außenwände der Längsfassaden ein
Wärmedämmverbundsystem mit 14 cm Dämmstoffdicke aufgebracht. Um die
Lagennachteile der Giebelwohnungen zu verringern, wurde die Dämmstoffdicke
an den Giebelwänden auf 20 cm erhöht. Zwei der drei Gebäude erhielten an der
Südfassade eine transparente Wärmedämmung. An Gebäude 3 (sol ‚wirt‘) wurde
ein transparentes Wärmedämmverbundsystem mit einem U-Wert von 0,6 W/m²K
angebracht. Das Gebäude 1 (sol ‚max‘) erhielt ein konvektiv erwärmtes, hinter-
lüftetes TWD-System mit einem U-Wert von 0,8 W/m²K. Die Flächen beider
Systeme betragen jeweils etwa 100 m², wodurch sich bezogen auf die Südfassade
eine Teilflächenbelegung von 15 % ergibt. Die TWD-Systeme werden in Ziffer 4.5
näher beschrieben und bewertet. Die vorhandenen Fenster wurden durch Fenster mit Kunststoffrahmen und einer Zweifach-Wärmeschutzverglasung ersetzt.
Die Fenster der Giebelwohnungen sind nach Norden und am Giebel dreifach
wärmeschutzverglast mit hochgedämmten Rahmen ausgeführt.

Anlagentechnik

Die bestehende Heizanlage wurde beibehalten, aber durch das Absenken der
Vorlauftemperatur (65/45 °C) und durch eine Nachregelung der Strangregulier-
ventile auf das neue Wärmebedarfsniveau angepasst. In Gebäude 1 (sol ‚max‘)
wurde die Heizung zusätzlich durch Vakuumröhrenkollektoren unterstützt und
mit einem elektronischen Heizungsregelungs- (Einzelraumregelung) und Ver-
brauchserfassungssystem versehen. Die ursprüngliche dezentrale Warmwasserbereitung mittels Gas-Durchlauferhitzern wurde durch eine zentrale fernwärme-

Bauteil	Aufbau	Dicke [mm]	U-Wert [W/m²K]
Außenwand (Längsfassade)	Feinbeton	15	0,24 (TWD: 0,46)
	Leichtbeton	260	
	Feinbeton	15	
	Wärmedämmverbundsystem/TWD	140	
Außenwand (Giebel)	Feinbeton	15	0,18
	Leichtbeton	260	
	Feinbeton	15	
	Wärmedämmverbundsystem	200	
Fenster	Zweifach-Wärmeschutzverglasung	–	1,30
Fenster (Nord, Giebelwand)	Dreifach-Wärmeschutzverglasung	–	0,70
Oberste Geschoss-decke	Abdichtung, bituminiert	10	0,19
	Betondachplatten	60	
	Luftraum, durchlüftet	900	
	Mineralwolle	200	
	Betondecke	190	
Kellerdecke	Gipsausgleich	10	0,31
	Fußbodendämmplatte	30	
	Schlackenschüttung	20	
	Dichtungsbahn	–	
	Betondecke	140	
	Mineralwolle	100	

Tab. 6: Bauphysikalische Kenndaten nach der Sanierung

gespeiste Warmwasserbereitung ersetzt. In Gebäude 1 sowie in Gebäude 3 erfolgt die Warmwasserbereitung solarunterstützt mittels Sonnenkollektoren. In Gebäude 3 (sol 'wirt') wurde eine 44 m² große Flachkollektoranlage mit 2250 Liter fassenden Solarspeichern installiert. Das Gebäude 1 (sol 'max') erhielt eine Vakuumröhren-Kollektoranlage mit einer Fläche von 40 m² und einem Speichervolumen von 2000 Litern. Eine genauere Betrachtung und Bewertung der beiden Solaranlagen erfolgt unter Ziffer 6.2. Die Wohnungen werden auch nach der Sanierung über die Fenster belüftet.

3.3.3 Messergebnisse

Die vor der Sanierung durchgeführten Simulationen prognostizierten eine Heizenergieeinsparung von 65 bis 70 %. Die gemessenen Verbrauchswerte konnten diese Zielvorgabe allerdings nicht ganz erreichen. Verglichen mit dem Ausgangszustand ergibt sich unter primärenergetischer Sichtweise dennoch eine beachtliche Verbrauchsreduktion von ca. 50 bis 57 %.

Insgesamt betragen die Bruttoinvestitionen (ohne Planungsaufwendungen) ca. 3,835 Mio. €, davon sind ca. 2,590 Mio. € energetisch relevant. Bei einer Nutzfläche A_N von rund 2.300 m^2 ergeben sich somit spezifische Bruttoinvestitionen von ca. 1667 €/m$^2_{NF}$ für die Gesamtbaumaßnahmen, für den energierelevanten Teil ergeben sich ca. 1126 €/m$^2_{NF}$.

Bauteil	Wohnflächenspezifischer Verbrauch [kWh/m²a]					
	Fernwärme			Elektroenergie		
	Gebäude 2 Referenz	Gebäude 3 sol ‚wirt‘	Gebäude 1 sol ‚max‘	Gebäude 2 Referenz	Gebäude 3 sol ‚wirt‘	Gebäude 1 sol ‚max‘
Heizung	88,2	78,3	71,1	0,5	0,5	1,3
Lüftung	-	-	-	-	-	-
Trinkwassererwärmung	23,8	19,2	21,6	0,5	0,7	1,0
Gesamt	112,0	97,5	92,7	1,0	1,2	2,3

Tab. 7: Spezifische Verbrauchswerte der Gebäude nach der Sanierung

Bezeichnung	Primärenergetisch bewerteter Verbrauch		
	Gebäude 2 (Referenz)	Gebäude 3 (sol ‚wirt‘)	Gebäude 1 (sol ‚max‘)
Vor der Sanierung [kWh/m²a]	228,4	218,4	230,4
Nach der Sanierung [kWh/m²a]	114,8	100,9	99,3
Prozentuale Einsparung [%]	50	54	57

Tab. 8: Primärenergetische Betrachtung des Gesamtverbrauchs nach EnSan-Kriterien

3.4 Demonstrationsvorhaben Friedland

3.4.1 Ist-Zustand vor Sanierung

Gebäude

Abb. 10: Ostansicht des Gebäudes vor der Sanierung

Bei dem Demonstrationsvorhaben Friedland (FKZ 0329750A) handelt es sich um ein im Jahre 1989 in der Jahnstraße 8–10 in Friedland errichtetes, vierstöckiges Gebäude des DDR-Typs WBS 70 der FRIWO Wohnungsgenossenschaft. Das Gebäude besteht aus drei Wohnungsaufgängen mit jeweils 10 Wohnungen. Das Dachgeschoss des Plattenbaus ist nicht ausgebaut.

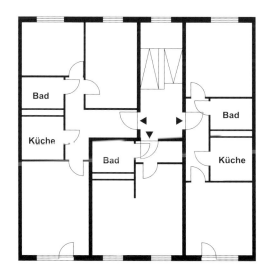

Abb. 11: Grundrissausschnitt des Gebäudes

29

Die Bäder und Küchen der Wohnungen sind innenliegend. Die Gebäudenutzfläche A_N errechnet sich zu ca. 1932 m², die beheizte Wohnfläche A_{WF} beträgt ca. 1740 m². Das A/V-Verhältnis liegt bei 0,39 m⁻¹. Das Forschungsvorhaben ist inzwischen abgeschlossen und ausgewertet [9]. Entsprechend der EnSan-Gebäudetypologie ist das Gebäude der Kategorie „Große Wohnkomplexe" zuzuordnen.

Hüllflächenbauteile

Bei den Außenwänden handelt es sich um dreischichtige Aufbauten mit innenliegender Mineralwolledämmschicht. In Tab. 9 sind die Bauteilaufbauten zusammengestellt. Die zweifach verglasten Fenster in Holzrahmen zeigten große Undichtheiten auf. Das Dachgeschoss ist nicht ausgebaut. Die daran angrenzende oberste Geschossdecke besteht aus Beton. Sie ist mit Mineralwolle und Holzwolleleichtbauplatten gedämmt. Die Betonkellerdecke besitzt eine ca. 3 cm dicke Wärmedämmung.

Bauteil	Aufbau	Dicke [mm]	U-Wert [W/m²K]
Außenwand	Beton	120	0,49
	Mineralwolle	80	
	Beton	60	
Fenster	Isolierverglasung	–	3,0
Oberste Geschossdecke	Estrich	40	0,85
	Holzwolleleichtbauplatte	40	
	Mineralwolle	20	
	Betondecke	140	
Kellerdecke	PVC-Belag	5	0,87
	Fließanhydritestrich	50	
	Bitumenpappe	2	
	Mineralwolle	28	
	Betondecke	140	

Tab. 9: Bauphysikalische Kenndaten vor der Sanierung

Anlagentechnik

Die Beheizung der Wohnräume erfolgte mittels kohlebeheizter Kachelöfen. In den Bädern waren zusätzlich elektrisch betriebene Heizstrahler installiert. Die Warmwasserbereitung wurde dezentral durch einen 80 Liter fassenden elektrischen Warmwasserboiler realisiert. Dieser befand sich im Bad über der Badewanne. Die Küchen und Bäder wurden über Abluftschächte ohne Ventilatoren entlüftet. Die Außenluft strömte über Fensterfugen und Fensterzuluftelemente nach.

Energieverbrauch

Der abgeschätzte Heizenergiebedarf lag vor der Sanierung bei 105,7 $kWh/m^2_{WF}a$, etwa 30 $kWh/m^2_{WF}a$ dürften für die Warmwasserbereitung aufgewendet worden sein (Erfahrungswert).

Schäden

Das Gebäude wies vor der Sanierung trotz des geringen Alters bereits eine Reihe gravierender Bauschäden auf, wie beispielsweise freiliegende Bewehrungen oder undichte Fugenabdichtungen.

3.4.2 Zustand nach erfolgter Sanierung

Im Projekt sollte der Einsatz eines reinen Luftheizungssystems zur Beheizung der Wohnräume untersucht werden, das neben der Erwärmung auch die hygienischen und bautechnischen Belange zur Durchlüftung übernimmt.
Projektstart war im Frühjahr 1997. Nach Fertigstellung der Baumaßnahmen im Herbst 1998 wurde mit der ersten Messphase begonnen und die haustechnischen Anlagen eingefahren. Die energetische Bewertung des Gebäudes wurde dann im Zeitraum November 1999 bis Dezember 2001 durchgeführt.

Abb. 12: Ostansicht des sanierten Gebäudes

Hüllflächenbauteile

Die Außenwände wurden mit einem Wärmedämmverbundsystem versehen. Damit konnte der Einfluss vorhandener Wärmebrücken weitgehend ausgeschaltet werden. Sämtliche Fenster wurden ausgebaut und durch neue Fenster mit Wärmeschutzverglasung ersetzt. Die oberste Geschossdecke wurde oberseitig mit 15 cm Polystyrol-Hartschaum gedämmt und mit einer begehbaren Abdeckung aus Spanplatten abgedeckt. Die Dämmung der Kellerdecke erfolgte von unten mit 8 cm dicken Mineralwollelamellen mit mineralischem Oberflächenschutz.

Bauteil	Aufbau	Dicke [mm]	U-Wert [W/m²K]
Außenwand	Beton	120	0,18
	Mineralwolle	80	
	Beton	60	
	Wärmedämmverbundsystem	120	
Fenster	Zweifach-Wärmeschutzverglasung	–	1,3
Oberste Geschoss-decke	Polystrol-Hartschaum	150	0,20
	Mineralwolle	40	
	Holzwolleleichtbauplatte	40	
	Mineralwolle	20	
	Betondecke	140	
Kellerdecke	PVC-Belag	5	0,29
	Fließanhydritestrich	50	
	Bitumenpappe	2	
	Mineralwolle	28	
	Betondecke	140	
	Mineralwolleplatten	80	

Tab. 10: Bauphysikalische Kenndaten nach erfolgter Sanierung

Anlagentechnik

Für die Beheizung der Wohnungen wurde eine Luftheizungsanlage mit solarer und konventioneller Vorwärmung sowie elektrischer Nachheizmöglichkeit installiert. Die solare Vorwärmung wird über Luftkollektoren in der Fassade und auf dem Dach realisiert. Im nicht ausgebauten Dachgeschoss befindet sich das zentrale Lüftungsgerät mit Kreuzstrom-Wärmetauscher und Lufterhitzer. Die erwärmte Luft gelangt über Lüftungskanäle in der Fassade und Zuluftelemente unter den Fenstern in die Wohnräume. Die Zuluftelemente sind mit einem elektrischen Nachheizelement ausgestattet, mit dem die Lufttemperatur bei Bedarf individuell erhöht werden kann. Die Warmwasserbereitung erfolgt zentral. Mit einem separaten Gasheizkessel wird das Trinkwasser in einem 750 Liter fassenden Trinkwasserspeicher erwärmt. Die solare Unterstützung der Trinkwassererwärmung erfolgt durch die Luftkollektoranlage über einen Solar-Pufferspeicher (1000 Liter). Die Steuerung und Regelung der Anlagentechnik geschieht über ein DCC-Bussystem. Die motorisch betriebenen Zu- und Abluftklappen können fassadenweise und in Abhängigkeit der Fensterstellung geregelt werden. Zusätzlich verfügt das System über eine Sommer-/Winterschaltung.

3.4.3 Messergebnisse

Zielvorgabe war, den Jahresheizwärmebedarf soweit zu reduzieren, dass er den Heizwärmebedarf eines vergleichbaren Neubaus nach WSVO 1995 um 50 % unterschreitet, dies entspricht einem Heizwärmebedarf von 35,6 kWh/m$^2_{WF}$. Anhand des Sanierungskonzepts errechnet sich ein spezifischer Heizwärmebedarf q$_h$ nach Sanierung von 35,2 kWh/m$^2_{WF}$. Diese Zielvorgabe ist somit er-

Bauteil	Wohnflächenspezifischer Verbrauch [kWh/m^{2}a]	
	Gas	Elektroenergie
Heizung	120,8	2,5
Lüftung		11,8
Warmwasserbereitung	26,4	0,2
Gesamt	147,2	14,5

Tab. 11: Spezifische Verbrauchswerte des Gebäudes nach der Sanierung

reicht worden. Bedingt durch das technische Anlagenkonzept liegt der spezifische Heizenergiebedarf (ohne Warmwasserbereitung) nach DIN V 4701-10 mit 105 kWh/m$^2_{WF}$a bereits um den Faktor drei über dem spezifischen Heizwärmebedarf (Näheres in Tab. 23). Der Energiebedarf zur Trinkwarmwasserbereitung nach Sanierung kann auf etwa 32,6 kWh/m$^2_{WF}$a abgeschätzt werden. Die gemessenen Verbrauchswerte des Gebäudes nach der Sanierung, zusammengestellt in Tab. 11, bestätigen die theoretische Betrachtung.

Aussagen hinsichtlich der Primärenergieeinsparung im Vergleich vor und nach der Sanierung sind nicht möglich, da die dezentrale Heizungsstruktur (Kohleöfen) keine Verbrauchserfassung im Vorfeld der Sanierung zugelassen hat. Der gemessene und nach EnSan-Kriterien primärenergetisch bewertete Verbrauch nach der Sanierung liegt bei knapp 190 kWh/m$^2_{WF}$a. Dies ist deutlich höher, als bei einer energetisch optimierten Sanierung zu erwarten ist, zumal der Energieverbrauch für die dezentrale elektrische Nacherwärmung der Zuluft nicht enthalten ist. Die Ursachen für den relativ hohen Verbrauch werden in Ziffer 6.1.2 näher erläutert.

Insgesamt betragen die Bruttoinvestitionen (ohne Planungsaufwendungen) ca. 1,635 Mio. €, davon sind ca. 1,025 Mio. € energetisch relevant. Bei einer Nutz-

Tab. 12: Primär-
energetische Betrach-
tung des Gesamtver
brauchs nach EnSan-
Kriterien

Bezeichnung	Primärenergetisch bewerteter Verbrauch
Vor der Sanierung [kWh/m²a]	Nicht gemessen, da Einzelfeuerstätten
Nach der Sanierung [kWh/m²a]	187,8
Prozentuale Einsparung [%]	–

fläche A_N von ca. 1932 m² ergeben sich somit spezifische Bruttoinvestitionen von ca. 846 €/m²$_{NF}$ für die Gesamtbaumaßnahmen, für den energierelevanten Teil ergeben sich ca. 531 €/m²$_{NF}$. In Ziffer 6.1 sind weitere detaillierte Angaben zur Haustechnik sowie Messergebnisse zu den installierten solaren Komponenten zusammengestellt.

3.5 Demonstrationsvorhaben Schwabach

Die Gemeinnützige Wohnungsbaugesellschaft der Stadt Schwabach GmbH ist Eigentümerin des zur Sanierung anstehenden Gebäudes. Es handelt sich um einen zwischen 1961 und 1968 erstellten Wohnblock mit 18 Wohneinheiten.

Zustand vor der Sanierung

Das Bruttoraumvolumen des Gebäudes liegt bei 3334 m³. Die Außenwände und die Keller- und Dachgeschossdecken sind nicht gedämmt. Die Beheizung erfolgt über separate Kohle- und Ölöfen. Eine Lüftungsanlage ist nicht vorhanden. Gelüftet wird über die Fenster. Die sanitären Anlagen befinden sich teilweise im Keller und entsprechen nicht mehr heutigen Anforderungen. Der Heizwärmebedarf liegt bei 200 kWh/m²a.

Abb. 13: Fassadenansicht des zu sanierenden Gebäudes

Sanierung

Im Rahmen der Sanierung wird auf der Außenwand ein 12 cm dickes Wärmedämmverbundsystem aufgebracht. Teilflächen der Fassade werden mit HTWD (hybrid-transparente Wärmedämmung) gedämmt. Die Fenster sollen durch neue Fenster mit Wärmeschutzverglasung und einem U-Wert von 1,3 W/m²K ersetzt werden. Die Decke zum nicht ausgebauten Dachgeschoss erhält eine 18 cm dicke begehbare Wärmedämmung. Die Kellerdecke wird unterseitig mit 8 cm Dämmstoff gedämmt.

Die Belüftung erfolgt künftig über dezentrale Zu- und Abluftanlagen mit Wärme-rückgewinnung. Für die Beheizung soll für je neun Wohnungen eine Gasbrenn-werttherme installiert werden. Die IITWD (hybrid-transparente Wärmedämmung) hat gegenüber der TWD (transparente Dämmung) den Vorteil, dass die im Som-mer und während der Übergangsmonate anfallende überschüssige Energie zur Brauchwassererwärmung genutzt werden kann.

Als Zielwert ist mit den angegebenen Maßnahmen ein Heizwärmebedarf von 30 kWh/m^{2}a angestrebt. In fünf weiteren Wohngebäuden, die zur Sanierung anstehen, sollen die gewonnenen Erkenntnisse umgesetzt werden. Das EnSan-Vorhaben befindet sich derzeit noch in der Ausführungsphase.

3.6 Demonstrationsvorhaben Kindertagesstätte Plappersnut

Die 1972 erbaute Kindertagesstätte „Plappersnut" in Wismar ist ein charakteristisches Beispiel für die Typenbauweise in der ehemaligen DDR. Die bautechnische Auslegung erfolgte für Kinderkrippenplätze (30 %) und Kindergartenplätze (70 %). Die Kindertagesstätte besteht aus zwei Hauptbaukörpern, einem Längsverbinder und drei Querverbindern. Die Hauptbaukörper und die Querverbinder sind zweigeschossig, der Längsverbinder ist eingeschossig. Das Gesamtgebäude weist die Form des „doppelten Schustertyps" auf. Die Gruppenräume befinden sich in den Hauptgebäuden. Die Längs- und Querverbinder dienen als Flure bzw. als Spiel- und Aufenthaltsräume, sie sind daher auch beheizt. Durch die Anordnung der Gebäude ergeben sich Innenhöfe. Im Rahmen der dringend notwendigen Sanierung soll neben den energetischen Maßnahmen eine architektonische Aufwertung erfolgen.

Zustand vor der Sanierung

Die Außenwände des Hauptkörpers und der Längsverbindungsgänge sowie der Giebelwände sind in Leichtbeton ausgeführt. Die Decke unter dem Drempelgeschoss des Hauptkörpers besteht aus Normalbeton mit aufliegender 5 cm dicker Mineralwolleplatte. Auf dem Dach der Längs- und Querverbinder ist ebenfalls eine 5 cm dicke Dämmschicht aufgebracht. Der Fußboden des Sockelgeschosses ist lediglich mit einer 1,8 cm dicken Wärmedämmung gedämmt. Die Gebäudehülle weist außen einen optisch schlechten Zustand auf. Eine Sanierung ist dringend notwendig.

Abb. 14: Ansicht der zu sanierenden Kindertagesstätte in Wismar

Ursprünglich war das Gebäude an ein Fernwärmenetz angeschlossen. Inzwischen wurde auf einen Erdgaskessel umgestellt. Die Wärmeübergabe erfolgt mittels Gussradiatoren und Konvektortruhen. Das Warmwasser wird zentral in einem 2000 Liter fassenden Speicher elektrisch erwärmt.

Der bisherige Energieverbrauch für die Beheizung liegt bei ca. 220 kWh/m²a und der Stromverbrauch für Beleuchtung und Brauchwassererwärmung bei ca. 22 kWh/m²a.

Sanierung

Neben der Dämmung des Gebäudes ist die Überdachung der Innenhöfe mit einem transparenten Foliendach ein Schwerpunkt bei der Gebäudesanierung. Es werden dadurch folgende Vorteile erwartet:

- Durch die Überdachung vermindern sich die Transmissionswärmeverluste der angrenzenden Außenbauteile des Gebäudes.
- Die unbeheizten Innenhöfe sind witterungsgeschützt und können in größerem Umfang genutzt werden. Das Raumangebot wird dadurch vergrößert.
- Die Innenhöfe sollen zur Zuluftvorwärmung genutzt werden und zur Senkung der Lüftungswärmeverluste beitragen.
- Bisher wurde das Gebäude über Fenster belüftet. Durch die Überdachung ist eine Neukonzeption der Belüftung über eine mechanische Lüftungsanlage geplant.

Der Heizwärmebedarf soll auf unter 50 kWh/m²a und der Stromverbrauch auf ca. 10 kWh/m²a reduziert werden. Das EnSan-Demonstrationsvorhaben befindet sich noch in der Ausführungsphase.

3.7 Demonstrationsvorhaben Altenheim Stuttgart-Sonnenberg

Alten- und Pflegeheime zählen in Stuttgart neben Bädern und Krankenhäusern zu den Liegenschaften mit den höchsten Verbrauchskennwerten. An einem typischen Gebäude aus dieser Gebäudegruppe soll gezeigt werden, welches Einsparpotenzial eine effiziente Sanierung aufweisen kann. Das hierfür ausgewählte Altenpflegeheim Stuttgart-Sonnenberg wurde 1965 erbaut. Es besitzt insgesamt sieben oberirdische Geschosse und hat eine Energiebezugsfläche von 5010 m². Neben dem Altenpflegeheim mit den Bewohnerzimmern, Gemeinschaftsräumen, Bädern, Küche und Speisesaal ist in dem Gebäude ein Kindergarten untergebracht. Die Wohnräume der Senioren besitzen zur Ost- bzw. Westseite große Fenster und raumhohe Fenstertüren, die auf einen Balkon hinausführen. Jedes Regelstockwerk umfasst 18 Einzelzimmer und zwei Doppelzimmer, insgesamt können in diesem Gebäudeteil 121 Personen untergebracht werden.

Zustand vor der Sanierung

Die massive Nord- und Südgiebelwand besteht aus einer Stahlbetonrippenwand, die innenseitig im Bereich der Gefache mit 3 cm Polystyrol gedämmt ist. Auf diese Dämmung folgen Tonhohlkörper und Innenputz. Die Ost-Westfassade besteht aus einer gedämmten Holzleichtbauwand. Die Fenster sind isolierverglast und besitzen Holzrahmen. Das Dach ist mit 5 cm dicken Korkplatten gedämmt. Unter dem Estrich der Kellerdecke liegt eine 4 cm dicke Trittschalldämmung.

Abb. 15: Gebäudeansicht im unsanierten Zustand

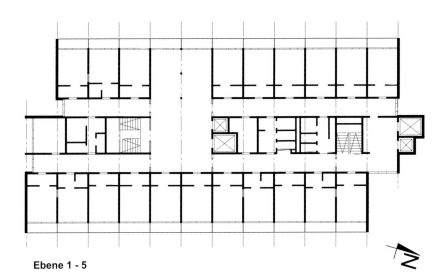

Ebene 1 - 5

Abb. 16: Grundriss eines Regelge-schosses im un-sanierten Zustand

Zur Deckung des Heizwärmebedarfs sowie zur Warmwasserbereitung sind zwei Kessel (Baujahr 1965) mit Gasgebläsebrennern à 931 kW installiert. Das Kochen und Sterilisieren erfolgt mit einem Dampfkessel. Zur Warmwasserbereitung war im Jahr 1995 ein Speichersystem mit einer thermischen Anti-Legionellen-Schaltung eingebaut worden. Küche und Speisesaal erhielten 1997 eine moderne Zu- und Abluftanlage mit Wärmerückgewinnung und Abwärmenutzung zur Unterstützung der Warmwasserbereitung. Die innenliegenden Flure im Hochhaus sind mit einer Zuluftanlage ausgestattet. In den WC's und Bädern der Bewohnerzimmer ist eine Abluftanlage installiert. Die im Gebäudekern befindlichen innenliegenden Räume sind ebenfalls an der Abluftanlage angeschlossen. Der Energieverbrauch im unsanierten Zustand für Heizung und Trinkwassererwärmung liegt bei ca. 360 kWh/m²a.

Sanierung

Die Verlegung der Außenwand und die Umwandlung der Balkonflächen in Wohnflächen stellen die eingreifendsten Maßnahmen bei der Sanierung dar. Um die Nutzfläche der Bewohnerzimmer zu vergrößern, wird die Außenwand vor die Balkone verlegt und die bisherige Außenwand zwischen Bewohnerzimmer und Balkon entfernt. Durch die zusätzlich gewonnene Fläche kann jeweils im Bewohnerzimmer eine Nasszelle nachgerüstet werden. Da die Balkonflächen durch diese Maßnahme in den warmen Bereich gelangen, entfällt eine aufwändige und kostspielige Wärmebrückendämmung. Die hierfür nicht benötigten finanziellen Mittel können für die Erstellung der neuen Fassade, die in Holzständerbauweise

40

ausgeführt wird, verwendet werden. Der massive Bereich der Außenwände auf der Nord- und Südseite erhält ein 20 cm dickes geklebtes Wärmedämmverbundsystem. Das Dach erhält im Rahmen der Sanierung einen neuen Aufbau mit einem mittleren U-Wert von 0,13 W/m²K. Die Decke zum unbeheizten Keller und die Wände der beheizten Kellerräume werden zusätzlich gedämmt.

Die Fenster werden mit 3-Scheiben-Wärmeschutzverglasung, gefasst von hochgedämmten Holz-Alurahmen, mit thermisch optimierten Abstandshaltern ausgeführt. Zur Sicherstellung des hygienisch erforderlichen Mindestluftwechsels erfolgt der Einbau von Nachströmöffnungen im Fensterrahmen.

Die Wärmeversorgung wird künftig durch einen Niedertemperaturgaskessel und einen Gasbrennwertkessel bewerkstelligt. Ferner wird ein Blockheizkraftwerk mit einer elektrischen Leistung von 50 kW und einer thermischen Leistung von 100 kW eingebaut. Die Wärme wird über Heizkörper an die Räume abgegeben. Eine Einzelraumregelung übernimmt die Temperaturregelung in den Räumen. Bei geöffneten Fenstern wird die Wärmezufuhr gestoppt. In einigen Räumen werden zur Reduzierung der Lüftungswärmeverluste in die Außenwand auf der Ost- und Westseite Luftkollektoren integriert, die während der Heizperiode die Frischluft vorwärmen. In diesen Zimmern strömt die Außenluft nicht direkt über die im Fenster integrierten Nachströmöffnungen in den Raum, sondern durchströmt erst den Luftkollektor und erwärmt sich dort. Auf diese Weise lassen sich tagsüber die Lüftungswärmeverluste reduzieren.

Durch die Sanierung soll der Heizenergiebedarf für Heizung, Lüftung und Brauchwassererwärmung von 360 kWh/m²a auf 160 kWh/m²a reduziert werden. Das EnSan-Demonstrationsvorhaben befindet sich derzeit in der Messphase.

3.8 Demonstrationsvorhaben Gutshof Wietow

Der Gutshofkomplex wurde in drei Bauabschnitten zwischen1885 und 1905 errichtet. Das in Ziegelbauweise erstellte Gebäude besitzt einen L-förmigen Grundriss. Der südliche Schenkel stellt das Gutshaus aus dem Jahr 1885 dar. Es besitzt ein Krüppelwalmdach und ist nicht unterkellert. Im nach Norden orientierten Schenkel war der Wirtschaftsteil untergebracht. Er besteht aus zwei Anbauten aus dem Jahr 1895 und 1905. Der erste Anbau ist 12 m lang und besitzt ein

Abb. 17: Südansicht des Gutshauses sowie Ostansicht mit Anbauten

42

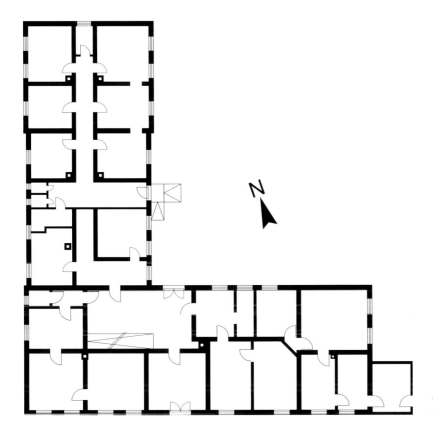

Abb. 18: Grundriss des Gebäudes

flach geneigtes Satteldach. Der zweite Anbau mit einer Länge von 9 m hat ein Zeltdach. Beide Anbauten sind vollständig unterkellert. Die Gesamtwohnfläche beträgt 749 m².

Zustand vor der Sanierung

Die Außenwände bestehen aus Ziegelmauerwerk mit einer Wanddicke von 38 cm. Die Südfassade, die Westfassade sowie die Ostfassade des Haupthauses sind verputzt und teilweise mit Stuckverzierungen versehen. Alle anderen Außenwandbereiche sind als Klinkerfassade ausgebildet. Bei den Verglasungen der vorhandenen Fenstern handelt es sich um Isolierverglasung, Verbundverglasung und sogar Einfachverglasung. Die oberste Geschossdecke zum nicht ausgebauten Dach ist als Holzbalkendecke ausgeführt. Decke und Dach sind nicht wärmegedämmt. Der Fußboden des Gutshauses ist größtenteils ein ungedämmter Holzfußboden. In einigen Räumen wurde der aus der Bauzeit stammende Holzfußboden durch einen Betonboden ersetzt.

Die Bereitstellung der Heizwärme erfolgt dezentral durch verschiedene Techniken. Eingesetzt sind Elektro-Nachtspeicheröfen, Kachelöfen, Dauerbrandöfen und Kohleherde. Als Brennstoffe dienen Braunkohle und Holz. Die Warmwasserbereitung erfolgt ebenfalls dezentral mittels Kohlebadeöfen und Elektroboilern. Der primärenergetisch bewertete Endenergieverbrauch (Stromverbrauch für Nachtspeicheröfen in Anlehnung an „Gemis" mit 2,8 bewertet) für die Beheizung liegt bei 276 kWh/m^{2}a.

Sanierung

Die Auflagen des Denkmalschutzes schränken die Gestaltungsmöglichkeiten hinsichtlich der Außenwanddämmung an der Südfassade und den mit Klinkern verkleideten Wänden erheblich ein. Wände ohne Auflagen des Denkmalschutzes erhalten eine 10 cm dicke Außendämmung. Zur Verbesserung des Wärmeschutzes der Klinkeraußenwand soll ein Glasvorbau vor der Nord- und Ostwand des Anbaues sowie vor der Nordwand des Haupthauses erstellt werden.
Als Wärmerzeuger ist eine Biomasseheizung mit Holzpellets, Hackschnitzeln und Torf vorgesehen. Da das Gebäude später als Tagungs- und Schulungszentrum der Solarinitiative Mecklenburg-Vorpommern genutzt wird, sollen aus Gründen der Demonstration große thermische Kollektorflächen und Solarmodule am Gebäude installiert werden. Mit den baulichen Maßnahmen soll der Heizenergiebedarf auf 65 kWh/m^{2}a gesenkt werden. Das EnSan-Demonstrationsvorhaben befindet sich derzeit in der Ausführungsphase.

4   Passive Systeme

Bei der Nutzung von Sonnenenergie wird zwischen aktiven und passiven Systemen unterschieden. Aktive Systeme zeichnen sich dadurch aus, dass die gewonnene Energie mittels Pumpen oder Ventilatoren (bewegte Teile) weitertransportiert werden muss. Die passive Nutzung erfolgt durch Gebäudekomponenten. Das Fenster stellt das wichtigste und effektivste passive Bauelement bzw. System dar. Es ist ein fester Bestandteil der Gebäudehülle und muss nicht bewegt oder verändert werden. Neben Fenstern zählen Wintergärten, Atrien, transparente Dämmungen und Glas-Doppelfassaden zu den passiven Systemen. Sie unterscheiden sich vom Fenster dadurch, dass nicht die gesamte Sonnenenergie dem zu beheizenden Raum zugeführt wird, sondern ein Teil an einen Nebenraum (Wintergarten, Atrium, Glas-Doppelfassade) geht. Dies bewirkt eine Reduzierung der Transmissionsverluste des beheizten Raumes. Ferner führt es auch zu einer Reduzierung der Lüftungswärmeverluste, wenn über den Raum gelüftet wird.

Ohne die Nutzung der Solargewinne über Fenster müsste ein Wohngebäude nicht nur im Winter, sondern auch in der Übergangszeit und teilweise im Sommer beheizt werden. Die Wirksamkeit des Fensters als passives Bauelement kommt dadurch zustande, dass Glas im Wellenlängenbereich der kurzwelligen Sonnenstrahlung eine hohe Durchlässigkeit aufweist. Die in den Raum gelangende Strahlung wird auf den raumumschließenden Flächen absorbiert und in Wärme umgewandelt. Dies führt zur Erhöhung der Oberflächentemperatur. Die Wärmeabgabe erfolgt über Konvektion und langwellige Strahlung. In diesem Wellenlängenbereich weisen Verglasungen jedoch eine geringe Durchlässigkeit auf. Fenster wirken daher wie „Strahlungsfallen". Früher führten Fenster jedoch infolge des hohen U-Wertes bei großen Temperaturdifferenzen gleichzeitig zu hohen Transmissionsverlusten. Bei den heutigen hochwertigen Verglasungen ist dies jedoch nicht mehr der Fall. Die willkommene Energiequelle kann im Sommer jedoch auch zu unangenehmer Überhitzung der Räume führen, wenn die Fensterflächen zu groß dimensioniert oder keine Sonnenschutzmaßnahmen vorgesehen sind.

4.1   Thermische Fensterqualität

Die thermische Fensterqualität ist vom Rahmen und der Verglasung abhängig. Ferner spielt der Randverbund von Verglasung und Rahmen eine bedeutende Rolle. Die Verglasungsqualität wird durch den Wärmedurchgangskoeffizienten (U_g-Wert) und den Energiedurchlassgrad (g-Wert) gekennzeichnet. Die Berechnung des Wärmedurchgangskoeffizienten U_W für das Gesamtfenster erfolgt gemäß DIN EN ISO 10077. Anhand der Kennwerte allein kann infolge der orientierungsabhängigen Solarstrahlung die energetische Wirkung eines Fensters in der Außenhülle eines Gebäudes nicht beurteilt werden. Auf der Südseite ist der Einfluss des g-Wertes deutlich größer als auf der Nordseite. Technisch ist es derzeit nicht möglich, Verglasungen mit sehr kleinem U-Wert und gleichzeitig hohem g-Wert herzustellen. Die Veränderung der thermischen Fensterqualität muss daher immer in Zusammenhang mit der Festerorientierung gesehen werden.

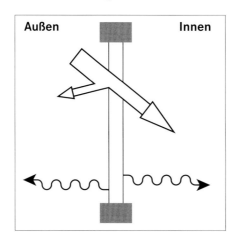

Abb. 19: Thermische Fensterqualität

4.1.1 Thermische Fensterqualität in Neubauprojekten

Mehrfamilienhaus in Stuttgart

Bei einem Demonstrationsgebäude, das von der Stuttgarter Wohnungs- und Siedlungsgesellschaft im Stuttgarter Stadtteil Stammheim im Jahr 1996 erstellt wurde, erfolgte gegenüber der ursprünglichen Planung eine Veränderung der Fensterqualität [10]. Es handelt sich um ein Gebäude mit 30 Wohneinheiten mit einer Gesamtwohnfläche von 2016 m². Ziel war es, den Energiebedarf gegenüber den sechs anderen Gebäuden, die zeitgleich erstellt wurden, deutlich zu senken. Dies wurde durch ein deutlich reduziertes A/V-Verhältnis (0,38 m^{-1}) und einen verbesserten Wärmeschutz erreicht. Weiterhin wurden die nach Norden, Westen und Osten orientierten Fenster mit einer verbesserten 3-Scheiben-Wärmeschutzverglasung ausgeführt. Der U_W-Wert beträgt 1,3 W/m²K und der g-Wert 0,57. Die Fenster des Referenzgebäudes weisen einen U_W-Wert von 1,4 W/m²K und einen g-Wert von 0,63 auf. Der auf die Fensterfläche bezogene Energiebedarf reduzierte sich durch diese Maßnahme um 0,3 kWh/m²a. Die Einsparung ist relativ gering, da sich neben der Verringerung der Transmissionsverluste auch die Solargewinne infolge des geringeren g-Wertes reduziert haben. Die Mehrkosten der verbesserten Scheiben liegen bei 13 €/m².

4.1.2 Bewertung

Die Wirtschaftlichkeitsbewertung einer Maßnahme erfolgt, indem unter Zugrundelegung der eingesparten Energie ΔQ und den Mehrkosten K_0 die Gestehungskosten P_E (Kosten für eine eingesparte Kilowattstunde) gemäß Ziffer 2 berechnet werden.

$$p_E = \frac{K_0}{\Delta Q} \cdot a$$

Bei einer rechnerischen Lebensdauer von 40 Jahren nimmt der Annuitätsfaktor bei einem Zinssatz von 6 % den Wert von 0,0665 an. Die so berechneten Gestehungskosten liegen bei 2,88 €/kWh. Es muss jedoch beachtet werden, dass nur ein Vorhaben mit dieser Maßnahme vorliegt und eine Verallgemeinerung mit einem hohen Unsicherheitsfaktor behaftet ist.

Tab. 13: Kosten, Energiegewinne und Gestehungskosten verbesserter Fensterqualität

Objekt	Fenster		Fenster mit verbesserter Verglasungsqualität		Bauteil-flächen-bezogene Mehrkosten [€/m²]	Bauteil-flächen-bezogene Energie-einsparung [kWh/m²a]	Gestehungs-kosten [€/kWh]
	Verglasung	U-Wert [W/m²K]	Verglasung	U-Wert [W/m²K]			
Neubau, Stuttgart	2-Scheiben-Wärmeschutz-verglasung	1,4	3-Scheiben-Wärmeschutz-verglasung	1,3	13	0,3	2,88

4.2   Veränderung der Fenstergröße

Die Veränderung der Fenstergröße beeinflusst in der Regel den Heizwärmebedarf. Die Solarenergiegewinne erhöhen sich, aber gleichzeitig ergeben sich je nach Fensterqualität (U-Wert) auch erhöhte Wärmeverluste im Vergleich zur ersetzten Außenwand, deren U-Wert im Allgemeinen eine bessere Qualität aufweist. Die passiven Energiegewinne sind abhängig von der Orientierung und dem Energiedurchlassgrad der Verglasung. Wichtig bei großen Fensterflächen sind Maßnahmen gegen eine Überhitzung in der Übergangszeit und im Sommer.

Abb. 20: Schematische Darstellung der Fenstervergrößerung

4.2.1 Fenstervergrößerung in Neubauprojekten

Solarhaus in Rastede

Bei einem freistehenden dreigeschossigen Einfamilienhaus mit Einliegerwohnung und großer Südverglasung wurde der energetische Einfluss und die Wirtschaftlichkeit einer großen Fensterfläche bewertet. Das in den 80er Jahren in Rastede (Niedersachsen) erstellte Gebäude wurde im Rahmen des vom Bundesministerium für Forschung und Technologie geförderten Forschungsvorhabens „Demonstrationsprojekt Landstuhl, Phase III" untersucht [11]. Es weist eine beheizte Fläche von 252 m^2 sowie ein A/V-Verhältnis von 0,68 m^{-1} auf. Die Untersuchung erfolgte in der Weise, dass die vorhandene Südfassade rechnerisch mit einer Fassade verglichen wurde, deren Fensterfläche auf 15 % der belichteten Grundfläche verkleinert wurde. Dieser Wert stellt die minimale auf die Raumgrundfläche bezogene Fensterfläche dar. Der rechnerische Energiegewinn der großen Verglasung (die Energiegewinne entsprechen den effektiv reduzierten Energieverlusten) gegenüber der zum Vergleich herangezogenen Außenwand beträgt 40 kWh/m^{2}a. Die Verglasung war jedoch gegenüber der Außenwand um 73 €/m^2 teurer.

Solarhaus in Altenstadt

Das in Altenstadt (Hessen) Mitte der 80er Jahre erbaute Einfamilienhaus wurde ebenfalls im Rahmen des Forschungsvorhabens „Demonstrationsprojekt Landstuhl, Phase III" untersucht und ausgewertet [11]. Es ist mit einer Einliegerwohnung ausgeführt und verfügt über eine beheizte Fläche von 185 m^2. Der Hüllflächenfaktor beträgt 0,80 m^{-1}. Analog dem Solarhaus in Rastede wurde die vorhandene Südverglasung unter wirtschaftlichen Aspekten betrachtet. Als Energiegewinn der Verglasung gegenüber der Außenwand wurde ein Wert von 35 kWh/m^{2}a ermittelt. Die Mehrkosten der Verglasung betrugen 158 €/m^2.

Passivhaus in Ulm

Die von der Neu-Ulmer Wohnbaugesellschaft im Jahre 2003 erstellten drei Doppelhäuser werden im Rahmen eines von Baden-Württemberg und Bayern geförderten Programms wissenschaftlich begleitet. Es handelt es sich um in Ziegelbauweise errichtete 3-Liter-Häuser [12]. Jedes Gebäude hat einen Hüllflächenfaktor von 0,62 m^1 und eine beheizte Wohnfläche von ca. 140 m^2. Vor Beginn der Bautätigkeiten wurde der Einfluss der nach Süden orientierten Fensterflächengröße auf den Heizwärmebedarf rechnerisch untersucht. Das betrachtete Fenster besteht aus einer Dreifach-Wärmeschutzverglasung mit hochgedämmtem Rahmen. Die Dreifach-Verglasung mit einem g-Wert von 0,60 und einem U_W-Wert von 0,80 W/m^{2}K erzielte gegenüber der Außenwand (U = 0,20 W/m^{2}K) bauteilflächenspezifische Energiegewinne in Höhe von 41 kWh/m^{2}a. Als Mehrkosten der Fensterfläche wurde ein Betrag von 390 €/m^2 zugrunde gelegt.

4.2.2 Bewertung

Energiegewinne

Zur Bestimmung der Energiegewinne wurde die Fensterfläche der Außenwandfläche gegenübergestellt. Bei den Fenstern handelt es sich bei den Objekten Rastede und Altenstadt um wärmeschutzverglaste Fenster mit einem U_W-Wert von 1,4 W/m^{2}K. Die ersetzten Außenwände weisen U-Werte von 0,24 bzw. 0,20 W/m^{2}K im Solarhaus Rastede und 0,60 W/m^{2}K im Solarhaus Altenstadt auf. Die rechnerisch ermittelten Energiegewinne betragen, wie aus Tab. 14 ersichtlich, 40 kWh/m^{2}a bzw. 35 kWh/m^{2}a. Für das Passivhaus in Ulm wurden mit 41 kWh/m^{2}a etwa ähnlich hohe Energiegewinne erzielt. Die mittleren Gewinne der betrachteten Projekte betragen ca. 39 kWh/m^{2}a. Die Energiegewinne sind abhängig von Orientierung, Fensterqualität und Gebäudequalität. Es zeigt sich, dass sich mit nach Süden orientierter Wärmeschutzverglasung generell Energieeinsparungen ergeben. Dies wird auch durch eine in [13] wiedergegebene Untersuchung bestätigt. Zu beachten ist jedoch, dass bei immer größer werdendem Verglasungsanteil die Energiegewinne abnehmen bzw. sogar wieder höhere Energieverluste auftreten können, da die Solargewinne nicht mehr genutzt werden können, die Verluste aber vorhanden sind. Bei nördlich orientierten Fensterflächen lassen sich keine Energiegewinne erzielen; es empfiehlt sich, dort die verglasten Flächen zu verkleinern [14].

Kosten

Es wurde der Mehrpreis der Fenster gegenüber der Außenwand ermittelt. Auf diese Weise ergibt sich beim Projekt Rastede ein flächenspezifischer Mehrbetrag

| Objekt | Wärmedurchgangskoeffizient | | Bauteilflächen-bezogene Mehrkosten [€/m²] | Bauteilflächen-bezogene Energie-einsparung [kWh/m²a] | Gestehungs-kosten [€/kWh] |
	Fenster Wärmeschutz-verglasung [W/m²K]	Ersetzte Außen-wand [W/m²K]			
Neubau, Rastede	1,4	0,24/0,20	73	40	0,12
Neubau, Altenstadt	1,4	0,6	158	35	0,30
Neubau, 3-Liter-Haus Ulm	0,8	0,2	390	41	0,63

Tab. 14: Kosten, Energiegewinne und Gestehungskosten der Fensterver-größerungen

von 73 €/m². Beim Projekt Altenstadt betragen die Mehrkosten 158 €/m². Das 3-Liter-Haus in Ulm weist aufgrund der sehr teuren Dreifach-verglasten Passivhaus-fenster mit hochgedämmten Rahmen mit 390 €/m² die höchsten Mehrkosten auf.

Wirtschaftlichkeit

Mit den angegebenen Energieeinsparungen und Mehrkosten der Fenster ergeben sich bei einer rechnerischen Lebensdauer von 40 Jahren Gestehungskosten von 0,12 €/kWh bis 0,63 €/kWh.

4.3   Atrium

Ein an ein Atrium angrenzendes beheiztes Gebäude weist gegenüber einem frei-stehenden Gebäude einen kleineren Transmissionsverlust auf, da die Raumluft-temperatur im Atrium infolge der Solargewinne über der Außenlufttemperatur liegt. Wenn die Belüftung über das Atrium erfolgt, können zusätzlich auch die Lüftungs-wärmeverluste reduziert werden. Obwohl Atrien nicht beheizt werden, bieten sie über einen großen Zeitraum des Jahres attraktive zusätzliche Nutzflächen.

4.3.1   Sanierungsprojekte mit Atrien

Kindertagesstätte Plappersnut

Im Rahmen von EnSan wird die Kindertagesstätte Plappersnut in Wismar energe-tisch saniert. Die Freifläche zwischen den beiden Gebäuderiegeln wird mit einem Foliendach überspannt. Die überdachte Fläche ist als Spielplatz für Kinder vor-

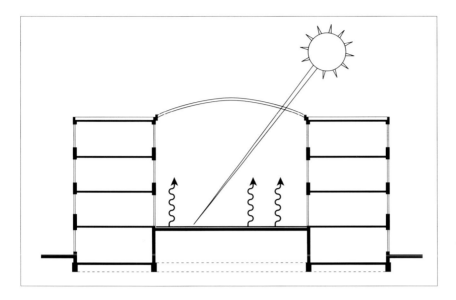

gesehen. Die Räume des Kindergartens erhalten eine Abluftanlage. Die nach-
strömende Zuluft wird dabei dem Atrium entnommen. Unter Ziffer 3.6 ist das
Demonstrationsvorhaben näher beschrieben. Die Bewertung des Atriums kann
erst nach Projektabschluss erfolgen.

Bertolt-Brecht-Gymnasium in Dresden

Beim Bertolt-Brecht-Gymnasium handelt es sich um ein in Stahlbeton-Montage-
bauweise errichtetes Gebäude, bestehend aus zwei dreigeschossigen, langge-
streckten Gebäudekörpern, die mit drei Verbindungsbauten zwei Innenhöfe bilden.
Das 1972 entstandene Bauwerk entsprach vor der Sanierung im Jahre 1994 sowohl
optisch als auch vom Energieverbrauch nicht mehr den Vorstellungen der Nutzer
und Betreiber. Zudem wurden zusätzliche Räume benötigt. Im Rahmen der
Sanierung entstand ein neuer dreigeschossiger Anbau am westlichen Teil des
Gebäudes. Der Boden wurde gedämmt und mit neuem Bodenbelag versehen.
Die Außenwände erhielten ein 14 cm dickes Wärmedämmverbundsystem mit
mineralischem Putz. Die Außentüren und Fenster wurden komplett durch neue
ersetzt. Der alte Dachaufbau wurde entfernt; danach erhielt das Dach eine 15 cm
dicke Wärmedämmung und eine neue Abdichtung.
Sämtliche technische Anlagen, wie auch die Heizung, entsprachen nicht mehr
dem Stand der Technik und mussten ebenfalls erneuert werden. Die bisher
nicht genutzten Innenhöfe wurden durch eine Glasüberdachung zu Atrien umgewandelt und dienen heute als Aufenthaltsraum bzw. Aula. Die Zuluftführung
erfolgt von außen über das Atrium in die Klassenräume. Auf diese Weise erhalten

die Klassenräume vorgewärmte Außenluft. Für den Sommerfall wurden ein Sonnenschutz und große öffenbare Fenster im Glasdach vorgesehen.

Das A/V-Verhältnis beträgt nun 0,30 m^{-1} im Vergleich zu 0,40 m^{-1} vor der Sanierung. Im Rahmen eines geförderten Demonstrationsvorhabens wurde eine wissenschaftliche Begleitung mit einem Messprogramm durchgeführt [15]. Durch die energetische Sanierung konnte der Heizenergieverbrauch von ursprünglich 300 kWh/m^{2}a auf 66 kWh/m^{2}a reduziert werden.

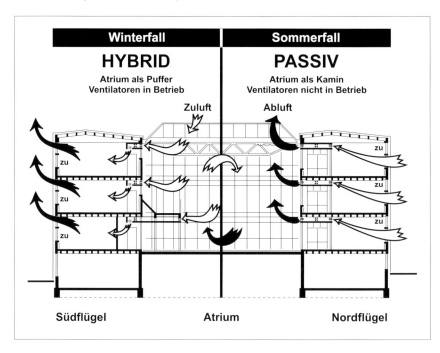

Abb. 22: Lüftungs-
schema des Atriums
im Bertolt-Brecht-
Gymnasium im
Winter- und Sommer-
fall

Die Überdachung der Innenhöfe führte gemäß [15] infolge der kleineren Transmissionswärmeverluste und der geringeren Lüftungswärmeverluste zu einer jährlichen Energieeinsparung von 450 kWh je m^2 Glasdachfläche. Die Kosten beliefen sich auf 1302 €/m^2.

4.3.2 Wirtschaftlichkeit

Der Bau eines Atriums erfolgt in der Regel nicht allein aus Gründen der Energieeinsparung. Bei einem Atrium werden in erster Linie die zusätzlich nutzbaren Flächen geschätzt. Im Vergleich zu den übrigen Nutzflächen des beheizten Gebäudes handelt es sich hier aber nicht um vollwertige Flächen, da sie nicht ganzjährig nutzbar sind. Bei der Wirtschaftlichkeitsberechnung wird daher der

Nutzen dieser Flächen nicht in Ansatz gebracht, sondern es werden die Investitionskosten vollständig als energetische Maßnahme betrachtet.

Bei einer angenommenen rechnerischen Lebensdauer des Atriums von 40 Jahren ergeben sich gemäß Ziffer 2 Gestehungskosten von 0,19 €/kWh.

4.4 Wintergarten

Wintergärten sind beliebte Aufenthaltsräume, die über große Zeiträume des Jahres genutzt werden können. Die energetische Wirkung hinsichtlich Energieeinsparung hängt sehr von der Nutzung ab. Sind die Türen zwischen Wintergarten und Wohnraum geschlossen, wenn die Lufttemperatur im Wintergarten unter der Lufttemperatur im Wohnraum liegt, trägt ein Wintergarten in der Regel zur Energieeinsparung bei, andernfalls kann er auch zum Mehrverbrauch führen. Die folgenden Betrachtungen wurden an ausgeführten Demonstrationsvorhaben vorgenommen. Die Energieeinsparrate wurde aber rechnerisch ermittelt, da ein messtechnischer Nachweis nur an zwei identischen Gebäuden mit und ohne Wintergarten möglich wäre. Bei den rechnerischen Betrachtungen ist ein ideales Nutzerverhalten zugrunde gelegt worden.

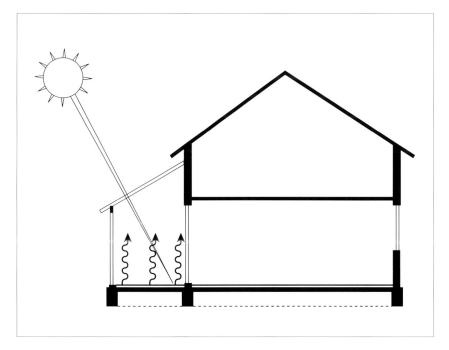

Abb. 23: Schematische Darstellung der Solarenergienutzung durch Wintergärten

4.4.1 Wintergärten im Gebäudebestand

Gutshof Wietow

Der ehemalige Gutshof in Wietow wird zu einem Demonstrations- und Schulungszentrum umgebaut und im Rahmen von EnSan energetisch saniert. Aus Gründen des Denkmalschutzes dürfen zwei in Klinkermauerwerk ausgeführte Längsfassaden nicht mit einem Wärmedämmverbundsystem belegt werden. Dies war der Anlass dazu, vor diesen Fassaden einen Wintergarten vorzusehen, der neben dem Wärmeschutz noch Aufenthaltsflächen außerhalb des beheizten Gebäudes bietet. Unter Ziffer 3.8 ist das Vorhaben näher beschrieben. Die Bewertung der Maßnahme kann erst nach Abschluss des Vorhabens erfolgen.

4.4.2 Wintergärten in Neubauprojekten

Niedrigenergie-Mehrfamilienhaus in München

Das 1996 errichtete und in [16] näher beschriebene Niedrigenergiehaus besteht aus drei Baukörpern mit bis zu sechs Geschossen, die hufeisenförmig angeordnet sind. Die Gesamtanlage hat eine Wohnfläche von ca. 5200 m^2, verteilt auf 79 Wohnungen. Die Außenwände des Gebäudes bestehen teilweise aus Stahlbeton, Ziegelmauerwerk und Holzständer-Fertigbauteilen. Gedämmt sind sie mit 12 bis 15 cm dicker Mineralwolle. Das Dach ist als Umkehrdach mit 16 cm Wärmedämmung ausgebildet. Die Fenster nach außen sind als Holzrahmenfenster mit 3-Scheiben-Wärmeschutzverglasung ausgeführt. Auf der Südseite des Gebäudes wurde eine Immissionsschutzwand über sechs Geschosse errichtet. Diese als Schallschutz dienende Fensterfassade konnte wärmetechnisch in das Gebäudekonzept eingebunden werden, indem der Raum zwischen Immissionsschutzwand und Wohnraum als thermischer Pufferraum in Form von Wintergärten bzw. verglasten Balkonen ausgebildet wurde. Die Wand besteht aus isolierverglasten Metallschiebeelementen, die von den Balkonen aus geöffnet und geschlossen werden können. Die Fenster, die an den verglasten Balkon (Wintergarten) grenzen, sind in 2-Scheiben-Wärmeschutzverglasung ausgeführt. Der Wintergarten bewirkte eine Energieeinsparung von 21 kWh/m^{2}a, bezogen auf die Wohnfläche der an den Wintergarten angrenzenden Wohnung. Die Kosten der verglasten Wand liegen bei 247 €/m^2 Wohnfläche.

Solarhaus in Rastede

Das freistehende dreigeschossige Einfamilienhaus mit Einliegerwohnung wurde Mitte der 80er Jahre in Rastede (Niedersachsen) erbaut und im Rahmen des vom

Bundesministerium für Forschung und Technologie geförderten Forschungsvorhabens „Demonstrationsprojekt Landstuhl, Phase III" messtechnisch evaluiert [11]. Es weist eine beheizte Fläche von 252 m² sowie ein A/V-Verhältnis von 0,68 m⁻¹ auf. Auf der Südseite des Gebäudes befindet sich ein Wintergarten mit einer Grundfläche von 28 m². Die in Wärmeschutzverglasung ausgeführte Außenfläche beträgt 104 m². Die durchgeführten Analysen zeigen, dass der Wintergarten eine Heizenergieeinsparung von 2000 kWh/a bewirkt. Das entspricht je m² Wohnfläche einer Einsparung von ca. 8 kWh/a. Die auf die Wohnfläche bezogenen Kosten des Wintergartens liegen bei 33 €/m².

Solarhaus in Ingelheim

Das Solarhaus in Ingelheim wurde ebenfalls, wie das Solarhaus in Rastede und die folgenden fünf Solarhäuser, im Rahmen des Forschungsvorhabens „Demonstrationsprojekt Landstuhl, Phase III" untersucht. Es handelt sich hierbei um ein freistehendes Gebäude mit einer beheizten Fläche von 184 m². Das A/V-Verhältnis beträgt 0,79 m⁻¹. Auf der Südseite des Wohnhauses befindet sich ein Wintergarten mit 2-Scheiben-Isolierverglasung, der sich über zwei Stockwerke erstreckt. Die nach Süden und Westen orientierte verglaste Außenfläche hat eine Größe von 23 m². Die mit dem Wintergarten erreichte Energieeinsparung beträgt 2 kWh/m²a. Für die Kosten ergibt sich aus [11] ein wohnflächenspezifischer Wert von 42 €/m².

Solarhaus in Homburg

Es handelt sich bei diesem Gebäude um ein freistehendes zweigeschossiges Einfamilienhaus mit Einliegerwohnung. Die Form des achteckigen Baukörpers ist an eine Halbkugel angenähert. Die beheizte Fläche beträgt 209 m². Der Hüllflächenfaktor liegt bei 0,67 m⁻¹. Vor der großzügig verglasten Südfassade befindet sich ein 52 m² großer Wintergarten mit 2-Scheiben-Isolierverglasung. Die berechnete Energieeinsparung je m² Wohnfläche liegt bei 3 kWh/a. Als Aufwendungen wurde ein Betrag von 18 €/m² Wohnfläche ermittelt [11].

Solarhaus in Zweibrücken

Das Solarhaus in Zweibrücken weist eine ähnliche Form auf wie das oben beschriebene Haus in Homburg. Zusammen mit der Einliegerwohnung ergibt sich eine beheizte Fläche von 215 m². Der Hüllflächenfaktor beträgt 0,62 m⁻¹. Das Gebäude hat einen Wintergarten mit einer Grundfläche von 21 m². Die aus 2-Scheiben-Isolierverglasung bestehende Außenfläche hat eine Größe von 84 m².

Die Energieeinsparung durch den Wintergarten beträgt 7 kWh/a je m^2 Wohnfläche. Die wohnflächenspezifischen Kosten beliefen sich auf 90 €/m^2 [11].

Solarhaus in Landstuhl

Auch dieses zweigeschossige Gebäude mit Einliegerwohnung besitzt einen achteckigen Grundriss und ist den beiden zuvor beschriebenen sehr ähnlich. Es weist eine beheizte Fläche von 210 m^2 auf. Das A/V-Verhältnis beträgt 0,62 m^{-1}. Die Fenster nach Norden sind klein, die Südfassade ist mit großen Fenstern ausgestattet. Der vor den Fenstern liegende Wintergarten weist eine Grundfläche von 59 m^2 auf. Die als 2-Scheiben-Isolierverglasung ausgeführte Fläche nach außen hat eine Größe von 120 m^2. Als Energieeinsparung wurde je m^2 Wohnfläche ein Wert von 8 kWh/a ermittelt. Die Aufwendungen betrugen 179 €/m^2 Wohnfläche [11].

Solarhaus in Würzburg

Das freistehende Einfamilienhaus mit Einliegerwohnung und Bürogeschoss in Würzburg erstreckt sich über vier Geschosse. Die beheizte Wohn- und Bürofläche beträgt 484 m^2. Das Gebäude zeichnet sich durch eine besonders schwere Bauweise aus. In die großflächig verglaste Südfassade wurde ein über zwei Geschosse reichender Wintergarten integriert. Die 56 m^2 große verglaste Außenfläche des Wintergartens besteht aus 2-Scheiben-Isolierverglasung. Bezogen auf die Wohnfläche ergibt sich eine Energieeinsparung von 6 kWh/m^{2}a. Die für den Wintergarten angefallenen wohnflächenspezifischen Kosten betragen 33 €/m^2 [11].

Solarhaus in Zirndorf

Beim Solarhaus in Zirndorf handelt es sich um ein zweigeschossiges Einfamilienhaus. Der Gebäudegrundriss weist eine Hufeisenform auf. Der Wintergarten erstreckt sich über zwei Geschosse. Die einfachverglaste Außenfläche hat eine Größe von 71 m^2. Die Energieeinsparung bezogen auf die Wohnfläche beträgt 8 kWh/m^{2}a. Die Aufwendungen beliefen sich auf 174 €/m^2 Wohnfläche.

4.4.3 Bewertung

Energiegewinne

In Abb. 24 sind die auf die Wohnfläche des angrenzenden Gebäudes bezogenen Energiebeträge dargestellt, die sich bei den beschriebenen Projekten durch

Wintergärten einsparen ließen. Die ermittelten Werte schwanken zwischen 2 kWh/m²a und 21 kWh/m²a. Der Mittelwert liegt bei 8 kWh/m²a. Der höchste Wert wurde beim Niedrigenergie-Mehrfamilienhaus in München erreicht. Bei diesem Vorhaben erstreckt sich die Wintergartenverglasung über die gesamte Südfassade. Ferner weisen die Wohnungen mit ca. 65 m² Wohnfläche eine deutlich kleinere Fläche auf als die übrigen betrachteten Projekte. Dies führt zu einer größeren wohnflächenspezifischen Einsparung.

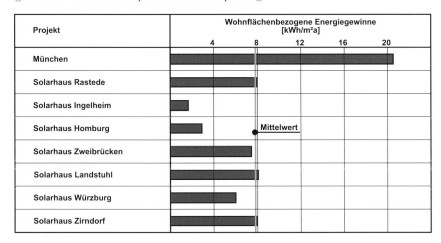

Abb. 24: Einsparun-gen durch Winter gärten, jeweils bezogen auf die Wohnfläche der an den Wintergarten angrenzenden Woh-nung

Kosten

Die ermittelten wohnflächenspezifischen Kosten sind in Abb. 25 dargestellt. Sie decken einen Bereich von 18 bis 179 €/m² ab. Da sich die Kosten auf die Wohn-fläche beziehen, lassen sich die Kosten der Wintergärten untereinander jedoch nicht generell vergleichen. Der errechnete Mittelwert von ca. 87 €/m² ergibt sich aus einem sehr breiten Kostenspektrum.

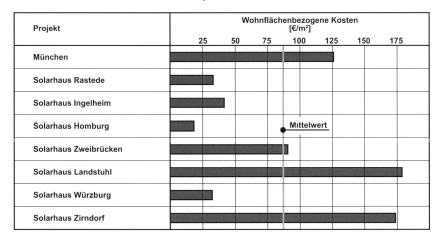

Abb. 25: Kosten der Wintergärten, je-weils bezogen auf die Wohnfläche der an den Wintergarten angrenzenden Woh-nung

Objekt	Verglasungsart	Wohnflächen-bezogene Mehrkosten [€/m²]	Wohnflächen-bezogene Energie-einsparung [kWh/m²a]	Gestehungs-kosten [€/kWh]
München	2-Scheiben-Isolierverglasung	247	21	0,41
Solarhaus Rastede	Wärmeschutzverglasung	33	8	0,28
Solarhaus Ingelhelm	2-Schelben-Isolierverglasung	42	2	1,70
Solarhaus Homburg	2-Scheiben-Isolierverglasung	18	3	0,42
Solarhaus Zweibrücken	2-Scheiben-Isolierverglasung	90	7	0,81
Solarhaus Landstuhl	2-Scheiben-Isolierverglasung	179	8	1,47
Solarhaus Würzburg	2-Scheiben-Isolierverglasung	33	6	0,36
Solarhaus Zirndorf	Einfachverglasung	174	8	1,46

Tab. 15: Kosten, Energieeinsparung und Gestehungs-kosten der Winter-gärten

Wirtschaftlichkeit

Bei der Wirtschaftlichkeitsbetrachtung wurde eine rechnerische Lebensdauer von 40 Jahren zugrunde gelegt. In Tab. 15 sind neben den wohnflächenbezogenen Energieeinsparungen und Kosten die gemäß Ziffer 2 ermittelten Gestehungskosten für alle untersuchten Projekte zusammengestellt. Sie bewegen sich zwischen 0,28 €/kWh und 1,70 €/kWh. Der in Abb. 26 angegebene Mittelwert liegt bei 0,86 €/kWh. Dieser große Schwankungsbereich ist nicht überraschend, da Wintergärten in den unterschiedlichsten Ausführungen erstellt werden. Wie bei den Atrien ist auch bei den Wintergärten die Energieeinsparung nicht das primäre und einzige Ziel, sondern die Schaffung von zusätzlichen temporär nutzbaren Flächen.

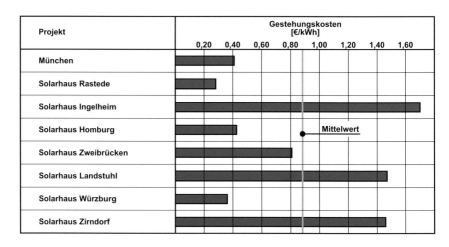

Abb. 26: Geste-hungskosten der Wintergärten

4.5 Transparente Wärmedämmung (TWD)

Die transparente Wärmedämmung (TWD) verbessert nicht nur den Wärmeschutz einer Außenwand, sondern ermöglicht darüber hinaus auch solare Wärmegewinnung. Abb. 27 zeigt das Funktionsprinzip einer TWD-Wand im Vergleich zu einer Wand mit opaker Wärmedämmung. Die auf eine transparent gedämmte Wand auftreffende Solarstrahlung wird durch die Dämmschicht transmittiert und an der dunkel gefärbten Außenoberfläche (Absorber) der inneren Wandschale absorbiert und in Wärme umgewandelt. Die davor liegende Dämmschicht bewirkt, dass ein Großteil der gewonnenen Wärme in die innere Wandschale eingeleitet wird. Abhängig von der vorhandenen solaren Strahlungsintensität und Außenlufttemperatur wird dadurch der Transmissionswärmeverlust reduziert oder der Wärmestrom sogar von außen nach innen umgekehrt. Die transparent gedämmte Wand wirkt in diesem Fall als Heizung. Dabei dient die innere Wandschale als Wärmespeicher und reguliert in Abhängigkeit von ihrer Wärmekapazität die Zeitverzögerung des Wärmetransports von außen nach innen.

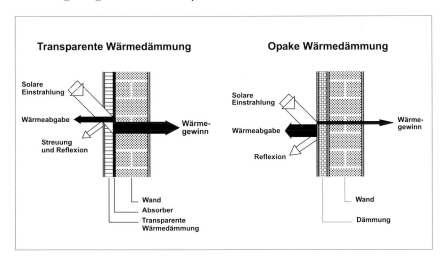

Abb. 27: Funktionsschema der transparenten Wärmedämmung im Vergleich zu einer opaken Wärmedämmung

Eine opak gedämmte Fassade weist in der Heizperiode einen bestimmten Verlustwert auf. Bei transparenten Fassaden hingegen können sich über die Heizperiode betrachtet sogar Gewinne einstellen. Das bedeutet, der über die transparente Fassade erhaltene Wärmegewinn in der Heizperiode ist höher als der Wärmeverlust. Im Folgenden wird nicht nur die effektiv dem Gebäude zugeführte Wärme als Gewinn bezeichnet, sondern die gesamte Energiedifferenz zwischen der opaken und der transparenten Dämmung.

4.5.1 Transparente Wärmedämmung (TWD) im Gebäudebestand

EnSan-Demonstrationsprojekt Emrichstraße

Bei einem Demonstrationsprojekt, das in Berlin im Rahmen von EnSan in der Emrichstraße durchgeführt wurde, kamen zwei unterschiedliche TWD-Systeme zum Einsatz [8]. Das Vorhaben ist unter Ziffer 3.3 näher beschrieben. An Gebäude 3 wurde die Südfassade mit 97,7 m^2 (Absorberfläche 82 m^2) des transparenten Wärmedämmverbundsystems beklebt. Das Gebäude 1 erhielt 99,8 m^2 (Absorberfläche 80 m^2) TWD-Module, die ebenfalls an der Südfassade angebracht wurden. Auf eine Anbringung der TWD an den nach Osten und Westen orientierten Außenwandflächen wurde aufgrund im Voraus durchgeführter Simulationen verzichtet. Diese hatten ergeben, dass das solare Potenzial in der Heizperiode nur etwa halb so groß ist wie nach Süden, und zudem die Gefahr von Überhitzungen in den Übergangszeiten und im Sommer erheblich größer ist.

Transparentes Wärmedämmverbundsystem

Die zu sanierende Außenwand wird zunächst mit einem konventionellen Wärmedämmverbundsystem versehen. Bereiche, die mit einem TWD-Element belegt werden sollen, bleiben vorerst ausgespart. Die Kapillarplatte des TWD-Elements wird mit einem schwarzen mineralischen Kleber, der gleichzeitig als Absorber dient, direkt an die Wand geklebt. Als äußerer Witterungsschutz kommt ein transparenter Putz zum Einsatz, der aus kleinen Glaskugeln mit einem Durchmesser von 2 bis 3 mm und einer transparenten mineralischen Matrix besteht. Zwischen dem Glasputz und der Kapillarplatte befindet sich ein Glasvlies, das den Aufbau des Systems stabilisiert. Das Gesamtsystem ist bis ca. 100 °C temperaturbeständig. Es wird mit Dämmstoffdicken zwischen 6 und 20 cm komplett vorgefertigt auf die Baustelle geliefert. Für das Projekt Emrichstraße wurde eine Dämmstoffdicke von 14 cm gewählt. Das TWD-System hat ohne Berücksichtigung der solaren Gewinne einen U-Wert von 0,6 W/m^{2}K und einen g-Wert von ca. 0,50. Aufgrund des im Vergleich zu Glassystemen geringeren Transmissionsgrades und der Teilflächenbelegung konnte auf eine Verschattung verzichtet werden.

Als problematisch stellte sich das Anbringen der TWD-Elemente auf dem unebenen Untergrund der bestehenden Außenwand dar. Es war schwierig, die Elemente oberflächenparallel zum umschließenden opaken Wärmedämmverbundsystem zu montieren. Bei der Demontage der schiefen Elemente zeigte sich durch die Abdrücke im Absorbermörtel zudem, dass die Kapillarplatte nur auf kleinen Flächen innigen Kontakt mit dem Absorbermörtel hatte. In einem zweiten Anlauf wurden alle TWD-Elemente nochmals mit größerer Sorgfalt montiert. Weitere Probleme ergaben sich nach Abschluss der Baumaßnahmen. Im Laufe

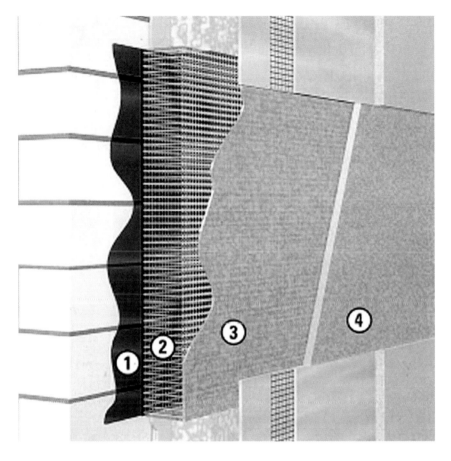

Abb. 28: Aufbau des transparenten Wärmedämmver-bundsystems:
1. Absorber
2. Transparente Kapillarplatte
3. Vlies
4. Putz aus Glas-kugeln

der ersten Heizperiode bildete sich in den TWD-Elementen Kondensat. Die Feuchtigkeit hatte sich an der inneren Glasputzoberfläche aufgestaut und dort weiß-graue Flecken gebildet. Die Ursache hierfür war seitlich vom umgebenden mineralischen WDVS eindringende Feuchtigkeit. Durch einen Austausch der TWD-Elemente mit seitlicher und rückseitiger Abdichtung konnte das Problem behoben werden.

Transparentes Wärmedämm-Modulsystem

Bei den TWD-Modulen handelt es sich um ein Modulsystem mit Hinterlüftung, gesteuert mittels Klappen, die sowohl manuell als auch automatisch betätigt werden können. Die Hinterlüftung dient als sommerlicher Überhitzungsschutz. Dadurch kann auf eine Verschattung des Systems verzichtet werden. Für den Fall, dass eine Verschattung bereits vorhanden oder anderweitig vorgesehen ist, kann das System auch ohne Klappen geliefert werden.

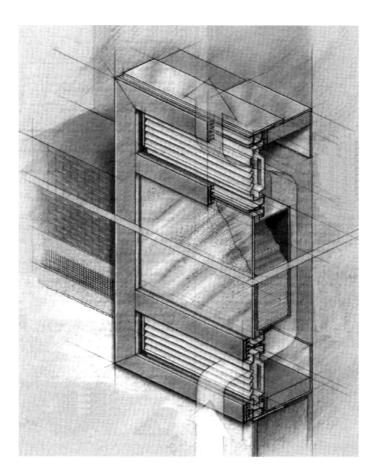

Abb. 29: Aufbau
und Funktionsweise
des TWD-Moduls

Die TWD-Module bestehen aus einem Metallrahmen, in dem der Blechabsorber, die davor liegende transparente Dämmschicht sowie die äußere Glasabdeckung eingesetzt sind. Unterhalb und oberhalb der TWD-Fläche sind Klappen angeordnet. Für das Projekt Emrichstraße wurde ein in Abhängigkeit der tiefsten Nachttemperatur automatisches Öffnen und Schließen der Klappen realisiert. Bei geschlossenen Klappen wird die im Absorber gewonnene Wärme über Strahlung und Konvektion der dahinter liegenden Wand zugeführt. Als transparente Dämmschicht sind verschiedenartige Materialien erhältlich. Das in diesem Fall mit einer Polycarbonat-Dämmschicht bestückte Gesamtsystem hat eine Dicke von 12 cm und weist eine Temperaturbeständigkeit bis 140 °C auf. Der U-Wert des Systems (ohne Berücksichtigung der Solargewinne) ist mit 0,8 W/m^{2}K geringfügig schlechter als beim TWD-Verbundsystem, der g-Wert liegt mit ca. 0,65 etwas höher. Das Montieren der TWD-Module gestaltete sich im Vergleich zum TWD-Verbundsystem insgesamt einfacher. Die werkseitig transparent ausgeführten Klappenschieber wurden nachträglich mit Leuchtfarbe lackiert, um eine optische

Kontrolle über die korrekte Funktion der Klappen zu haben. Beim ersten Betrieb der Klappen gab es mehrere Fehlfunktionen. Ursache dafür waren falsch angeschlossene Antriebe, verklemmte Klappen und die für Kabellängen von bis zu 80 m zu niedrige Schaltspannung. Erst die Reparatur der defekten Klappen und ein neues Steuergerät brachten eine Verbesserung. Spätere Thermographieaufnahmen deuten darauf hin, dass nicht alle Klappen im geschlossenen Zustand auch dicht sind. Die Folge sind ungewollte Wärmeverluste. Weiterhin wurde festgestellt, dass die Leuchtfarbe der Klappenschieber nicht ausreicht, den Betriebszustand der Klappen in den oberen Etagen zu erkennen. Empfohlen wird, den Klappenöffnungszustand elektronisch zu erfassen und am zentralen Steuergerät anzuzeigen.

Messtechnisch erfasste Energiegewinne

Für eine bessere Vergleichbarkeit zwischen den zwei verschiedenen TWD-Systemen und für eine Gegenüberstellung zu der opak gedämmten Fassade wurden in fünf ausgewählten Wohnungen Messfühler installiert. Die Lage der Messstellen ist in Tab. 16 angegeben.

Messstelle	System	Lage
1	TWD-Modulsystem	Gebäude 1, 3. OG, durch Bäume verschattet
2	TWD-Modulsystem	Gebäude 1, 3. OG, unverschattet
3	Opake Dämmung	Gebäude 2, 3. OG, nahezu unverschattet
4	TWD-Verbundsystem	Gebäude 3, EG, durch Nachbargebäude verschattet
5	TWD-Verbundsystem	Gebäude 3, 3. OG, unverschattet

Tab. 16: Lage der Messstellen

Für die Bewertung der Heizperiode wurden folgende Zeiträume definiert:
- Heizperiode 1999/2000: 01.10.1999 bis 18.04.2000
- Heizperiode 2000/2001: 05.10.2000 bis 29.04.2001

Beginn und Ende der Heizperiode wurden dabei wie folgt festgelegt:
Beginn: Tagesmittel Außenlufttemperatur < 16 °C mit Abwärtstrend
Ende: Tagesmittel Außenlufttemperatur > 16 °C mit Aufwärtstrend, sowie durchschnittliche Raumlufttemperatur > 21 °C

An allen vier Messpunkten der TWD-Flächen wurden die Globalstrahlungen im Zeitraum Oktober 1999 bis August 2001 ermittelt. Die jeweils in den Monaten Oktober bis April an den TWD-Messpunkten aufgetretene Strahlung ist in Tab. 17 dargestellt. Weitere Werte sind in [8] angegeben.

Tab.17: Gemessene
Globalstrahlung an
den TWD-Mess-
punkten
Zeitraum Einstrah-
lung [kWh/m²]

Zeitraum	Einstrahlung [kWh/m²]			
	Messstelle 1	Messstelle 2	Messstelle 4	Messstelle 5
Heizperiode 1999/2000	222,3*)	394,2	251,5	393,7
Heizperiode 2000/2001	266,3	384,9	260,9	394,2

*) Zeitraum 11/1999 bis 04/2000

Errechnet man aus der DIN 4108, Teil 6 [17], die mittlere Strahlungsintensität für eine senkrechte nach Süden orientierte Fläche im gleichen Zeitraum, so ergibt sich ein Wert von 365 kWh/m². Der Vergleich mit den unverschatteten Messstellen 2 und 5 zeigt, dass das solare Strahlungsangebot in den Messperioden höher war als das langjährige Mittel der Region. Die in [8] gemessenen Monatsmittelwerte der Außenlufttemperatur sind ebenfalls zum Teil deutlich höher als die in der DIN 4108, Teil 6, für die Region angegebenen Werte. Es kann also davon ausgegangen werden, dass die zum Zeitpunkt der Messungen vorhandenen meteorologischen Randbedingungen im Gegensatz zu einem durchschnittlichen Jahr zu etwas höheren Gewinnen führten.

Für die energetische Bewertung der TWD-Systeme und der opaken Wärmedämmung wurde der Wärmefluss an den fünf Messstellen ermittelt. In Abb. 30 sind die monatlichen Summenwerte dargestellt.

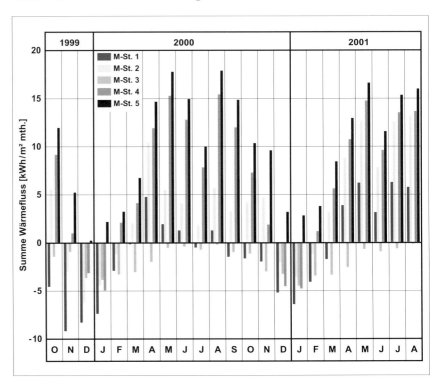

In den beiden Monaten Dezember und Januar weist nur die Messstelle 5 (TWD-Verbundsystem, unverschattet) eine positive Bilanz auf. Die Messstelle 1 (TWD-Modulsystem, verschattet) schneidet in den kalten Wintermonaten am schlechtesten ab. Die zu Beginn der ersten Heizperiode sehr schlechte Bilanz der Messstellen 1 und 2 (TWD-Modulsystem) wurde wahrscheinlich durch die nicht dicht schließenden Lüftungsklappen verursacht. In der darauf folgenden Heizperiode schneiden die TWD-Module auch im Vergleich zu der opaken Wärmedämmung deutlich besser ab.

Summiert man die Wärmeströme der einzelnen Messstellen für die beiden untersuchten Heizperioden auf, so ergeben sich die in Abb. 31 dargestellten Werte. Abgesehen von der Messstelle 1, die in der ersten Heizperiode die schlechteste Bilanz aufweist, ergeben sich für die TWD-Systeme gegenüber der opaken Wärmedämmung eine bessere Energiebilanz. Sofern keine Verschattung vorliegt, wird dem Gebäude durch die TWD-Systeme sogar Wärmeenergie zugeführt. Beim Vergleich der beiden TWD-Systeme schneidet das TWD-Verbundsystem sowohl verschattet als auch unverschattet erheblich besser ab. Das unverschattete TWD-Verbundsystem hat in beiden Heizperioden einen um mehr als 30 kWh/m² höheren Energiegewinn. Insgesamt ergibt sich für das Gebäude mit TWD-Verbundsystem in der Heizperiode 2000/2001 ein Energiegewinn von ca. 4000 kWh/a gegenüber dem Messpunkt 3 der opaken Wärmedämmung. Die Energiegewinne des TWD-Moduls fallen mit ca. 1320 kWh/a deutlich geringer aus.

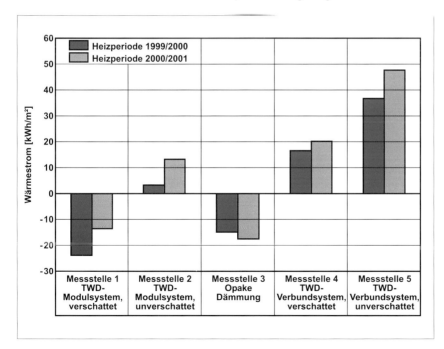

Abb. 31: Wärmeflussbilanzen für die untersuchten Heizperioden

Sommerliches Temperaturverhalten

Der im Winter erwünschte Wärmeeintrag durch die TWD-Systeme kann im Sommer zu unangenehmen Überhitzungserscheinungen im Gebäude führen. Um den Wärmeeintrag im Sommer zu reduzieren, besitzt das TWD-Verbundsystem den oben beschriebenen Glaskugelputz, der durch erhöhte Reflektion die Einstrahlung in das System verringert. Das TWD-Modulsystem kann durch Öffnen der Klappen belüftet werden. Die erhitzte Luft im Zwischenraum von Absorber und Außenwand kann so aus dem System abgeführt werden.

Für die Bewertung des sommerlichen Temperaturverhaltens wurden im Sommer 2001 die Tagesmitteltemperaturen in den Räumen der fünf Messstellen aufgezeichnet. Aus Abb. 32 ist ersichtlich, dass der Wärmeeintrag über die TWD-Systeme (Messstellen 1, 2, 4, 5) nicht zu einer Überwärmung führt. Ebenso ist zu erkennen, dass die Messstelle der opaken Wärmedämmung (Messstelle 3) zu Zeiten hoher Raumlufttemperaturen nicht die niedrigsten Temperaturen aufweist.

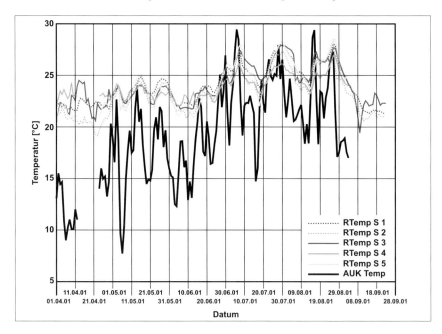

Abb. 32: Darstellung der Tagesmitteltemperaturen für die Räume an den Messstellen 1–5

Kosten und Wirtschaftlichkeit

Die Bruttokosten des transparenten Wärmedämmverbundsystems beliefen sich in diesem Projekt auf 289 €/m² bezogen auf die Bauteilfläche. Für das TWD-Modulsystem wurden Kosten in Höhe von 515 €/m² ermittelt. Das an den übrigen Außenwandflächen angebrachte opake Wärmedämmverbundsystem ist mit 123 €/m² im Vergleich zur transparenten Wärmedämmung deutlich günstiger.

Für die Bewertung der Wirtschaftlichkeit der TWD-Systeme in Tab. 18 wurden die Gestehungskosten der gewonnenen Energie ermittelt. Die bauteilflächenbezogenen Kosten wurden dafür um den Kostenbetrag der opaken Wärmedämmung (123 €/m^2) reduziert, um die Mehrkosten zu erhalten. Für die Berechnung der Annuität wurde eine Laufzeit von 40 Jahren zugrunde gelegt.

System	Bauteilflächen-bezogene Mehr-kosten gegen-über der opaken Wärmedämmung [€/m^2]	Bauteilflächen-bezogene Energie-gewinne gegen-über der opaken Wärmedämmung [kWh/m^2]	Gestehungs-kosten [€/kWh]
TWD-Modulsystem verschattet	392	3,8	6,86
TWD-Modulsystem unverschattet	392	30,9	0,84
TWD-Modulsystem gesamt	392	13,2	1,97
TWD-Verbundsystem verschattet	166	37,6	0,29
TWD-Verbundsystem unverschattet	166	65,3	0,17
TWD-Verbundsystem gesamt	166	40,9	0,27

Tab. 18: Kosten und Wirtschaftlichkeit der TWD-Systeme

Villa Tannheim, Freiburg

Das in der Gründerzeit erbaute Haus wurde bis in die 90er Jahre von der französischen Armee genutzt. Im Jahre 1995 erfolgte eine energetische Sanierung, seitdem befindet sich in diesem Gebäude der Sitz der Internationalen Solarenergie-Gesellschaft (ISES) [14]. Das dreigeschossige Gebäude ist vollständig unterkellert. Im Rahmen der Sanierung wurden die 30 bis 40 cm dicken Ziegelaußenwände mit einem 8 cm dicken Wärmedämmverbundsystem versehen. Da die kleine stark verschattete Südfassade für eine TWD ungeeignet war, wurden 52 m^2 der Westfassade mit einem transparenten Wärmedämmverbundsystems gedämmt. Die einfach-verglasten Fenster wurden gegen hochwertige Fenster mit Dreifach-Verglasung und Edelgasfüllung ausgetauscht. Das Dach wie auch der Dachboden wurden mit einer Zellulosedämmung aus wiederverwertetem Zeitungspapier gedämmt. Der Kellerboden erhielt eine 5 cm dicke Dämmung mit Perliteschüttung. Durch die energetischen Maßnahmen konnte der Heizenergieverbrauch von ehemals ca. 225 kWh/m^{2}a auf 61 kWh/m^{2}a gesenkt werden.

Die TWD mit einem U-Wert von 0,51 W/m^2K erbrachte gegenüber der opak gedämmten Wand (U-Wert: 0,30 W/m^2K) eine bauteilflächenbezogene Energieeinsparung von 41 kWh/m^2a. Demgegenüber stehen Kosten in Höhe von 189 €/m^2.

Mehrfamilienhaus in Niederurnen, Schweiz

Im Rahmen einer Sanierung, die an einem 1971 erbauten Mehrfamilienhaus in Niederurnen in der Schweiz erfolgte, kam an der Südwestfassade transparente Dämmung zum Einsatz [14]. Das im Besitz einer Wohnungsbaustiftung befindliche kompakte Gebäude hat zwölf Wohneinheiten, verteilt auf vier Etagen. Neben der Modernisierung der Küchen und der Bäder im Innenbereich galt es, den Wärmeschutz der Gebäudehülle zu verbessern. Die Dämmstärke der hinterlüfteten Fassaden wurde von 6 auf 12 cm erhöht, wodurch sich der U-Wert der Außenwand von 0,49 W/m^2K auf 0,27 W/m^2K verbesserte. Die Fenster wurden durch neue Fenster mit einem U-Wert von 1,3 W/m^2K ersetzt und die nicht gedämmte Kellerdecke sowie der neue Estrichboden mit 8 bzw. 12 cm Steinwolle gedämmt. Die Balkone der Südfassade mit durchlaufenden Betondecken hat man durch größere und thermisch von der Gebäudehülle getrennte Balkone ersetzt. Die Süd-Westfassade erhielt ein 69 m^2 großes transparentes Wärmedämm–Modulsystem. Als Überhitzungsschutz dienen vorgesetzte Lamellenstores aus Aluminium, die von den Bewohnern individuell gesteuert werden können. Durch die Sanierungsmaßnahmen reduzierte sich der Heizenergiebedarf von 101 kWh/m^2a auf 48 kWh/m^2a. Durch die TWD ergaben sich bauteilflächenbezogene Energiegewinne von etwa 58 kWh/m^2a. Die TWD deckt rund 20 % des Heizenergiebedarfs. Für die TWD-Fassade sind Kosten von 824 €/m^2 angefallen, davon entfielen 260 €/m^2 auf die Verschattung inklusive Steuerung.

Wohnsiedlung Sonnenäckerweg, Freiburg

Bei dem Gebäude handelt es sich um ein zweigeschossiges Mehrfamilienhaus mit acht Wohneinheiten. Das in den 50er Jahren errichtete Gebäude zeichnete sich vor der Sanierung durch einfache Bauweise ohne Wärmedämmung der Außenwände und Decken, einfach verglaste Fenster sowie durch eine Beheizung mittels Holz-, Kohle- und Öleinzelöfen aus. Im Rahmen der Sanierung wurden 10 cm Wärmedämmung auf den Außenwänden angebracht. Der U-Wert der Außenwand wird in [18] mit 0,24 W/m^2K angegeben. Die Fenster wurden erneuert, die Kellerdecke und die oberste Geschossdecke erhielten eine 5 bzw. 10 cm dicke Wärmedämmung. Die Südost- und Südwestfassade wurden mit transparent wärmegedämmten Fassadenelementen mit integrierter Sonnenschutzvorrichtung verkleidet. Der U-Wert der mit TWD bekleideten Außenwände beträgt

0,47 W/m^{2}K. Gegenüber dem Ausgangszustand konnte der Heizenergieverbrauch um 185 kWh/m^{2}a auf ca. 40 kWh/m^{2}a gesenkt werden. Die Gewinne der TWD gegenüber der opaken Außenwand betrugen 34 kWh/m^{2}a (bezogen auf die TWD-Fläche). Für die TWD sind Gesamtkosten in Höhe von 506 €/m^2 angefallen.

Nordschule, Wurzen

Das in Montagebauweise mit Leichtbetonelementen im Jahre 1974 errichtete Gebäude zeigte infolge mangelhafter Bauausführung und fehlender Wartungsarbeiten zahlreiche bauliche Mängel. 1997 erfolgte im Rahmen eines Forschungsvorhabens eine umfangreiche Sanierung. Der Wärmeschutz der Gebäudehülle wurde im Bereich der Kellerwände, der Außenwände, der Fenster und des Daches deutlich verbessert. Die Brüstungen der Südseite erhielten TWD-Module. Zur Anwendung kamen 1,30 auf 1,20 m große Holzrahmenmodule mit außenliegendem Sonnenschutz. Das Resultat der energetischen Maßnahmen war eine Reduzierung des Heizenergiebedarfs von ehemals 174 auf 55 kWh/m^{2}a. Der auf die TWD-Fläche bezogene gemessene solare Energiegewinn (zusammengesetzt aus Dämmwirkung und Solarertrag) gegenüber der opak gedämmten Außenwand beträgt nach [19] 73 kWh/m^{2}a. Der U-Wert des TWD-Brüstungselementes liegt bei 0,53 W/m^{2}K und der des zum Vergleich herangezogenen opaken Elementes bei 0,37 W/m^{2}K. Die Kosten der mit einem erhöhten maschinellen Fertigungsgrad hergestellten TWD-Module lagen bei 598 €/m^2.

Einfamilienhaus, München

Das eingeschossige Einfamilienwohnhaus mit quadratischem Grundriss und Flachdach hatte aufgrund fehlender Dämmung vor der Sanierung einen Heizenergieverbrauch von 405 kWh/m^{2}a. Zudem war der Wohnkomfort durch kalte und feuchte Außenwände stark beeinträchtigt. Im Rahmen einer 1989 durchgeführten Sanierung wurden die Hüllflächen wärmetechnisch verbessert. Neben einer opaken Wärmedämmung wurden an der Südwest- und Nordwestfassade jeweils 20 m^2 transparente Wärmedämmung angebracht. Die TWD-Elemente bestehen aus schmalen Holzrahmen, in die eine transparente Dämmung sowie ein temporärer Sonnenschutz integriert sind. Ergebnis der Sanierung war eine Reduktion des Heizenergieverbrauchs um über 50 % auf 191 kWh/m^{2}a. Die TWD (U = 0,7 W/m^{2}K) konnte gegenüber der opaken Wärmedämmung (U = 0,7 W/m^{2}K) die Transmissionswärmeverluste an der Südwestfassade nochmals um 65 kWh/m^{2}a und an der Nordwestfassade um 13 kWh/m^{2}a senken. Die flächenspezifischen Kosten der TWD-Fassade werden in [20] mit 281 €/m^2 angegeben.

4.5.2 Transparente Dämmung in Neubauprojekten

Niedrigenergie-Mehrfamilienhaus, München

Im Rahmen eines in München durchgeführten Forschungsvorhabens wurde an einem 1996 errichteten Mehrfamilienwohngebäude transparente Dämmung eingesetzt. Das Niedrigenergiehaus besteht aus drei Baukörpern mit bis zu sechs Geschossen, die hufeisenförmig angeordnet sind. Die Gesamtanlage hat eine Wohnfläche von ca. 5200 m², verteilt auf 79 Wohnungen. Die Außenwände des Gebäudes bestehen teilweise aus Stahlbeton, Ziegelmauerwerk und Holzständer-Fertigbauteilen. Die aufgebrachte Dämmstärke der Mineralwolleplatte beträgt 12 bis 15 cm. Die Fenster nach außen sind als Holzrahmenfenster mit 3-Scheiben-Wärmeschutzverglasung ausgeführt. Fenster, die an den verglasten Balkon (Pufferraum) grenzen, sind als 2-Scheiben-Wärmeschutzverglasung ausgeführt. Das Dach ist als Umkehrdach mit 16 cm Wärmedämmung ausgebildet. Die Kellerdecke besitzt eine 8 cm dicke Wärmedämmung. Neben verschiedenen hybriden Systemen wurden auch zwei unterschiedliche TWD-Systeme umgesetzt und untersucht. Zur Anwendung kam ein transparentes Wärmedämmverbundsystem und ein transparentes Wärmedämm-Elementsystem. Die U-Werte der beiden TWD-Wandkonstruktionen betragen 0,54 W/m²K (Wärmedämmverbundsystem) und 0,43 W/m²K (Wärmedämmelementsystem). Für das transparente Wärmedämmverbundsystem wurde gegenüber dem opaken System ein bauteilflächenbezogener Energiegewinn von 59 kWh/m²a gemessen. Das Wärmedämmelementsystem erzielte einen Energiegewinn von 14 kWh/m²a. Der Heizwärmeverbrauch für das Gebäude liegt bei 57 kWh/m²a. Durch das transparente Wärmedämmverbundsystem entstanden bauteilflächenbezogene Kosten in Höhe von 256 €/m². Das transparente Wärmedämmelementsystem war mit 325 €/m² etwas teurer.

4.5.3 Bewertung

Energiegewinne

Als Energiegewinne werden die in einer Heizperiode erzielten Energieeinsparungen gegenüber der im Gebäude vorhandenen opaken Dämmung betrachtet. Dazu wurden mittels Wärmeflussmessungen die Transmissionswärmeverluste im Bereich der TWD-Systeme und der opaken Wärmedämmung gemessen. Die Ergebnisse in Abb. 33 und Tab. 19 zeigen bauteilflächenspezifische Energiegewinne von 13 bis 73 kWh/m²a. Als Mittelwert der untersuchten Systeme wurde ein Energiegewinn von ca. 41 kWh/m²a errechnet. Beim Vergleich zwischen den sanierten und neu erstellten Gebäuden zeigt sich kein gravierender Unterschied. Entgegen der im Vorfeld durchgeführten Simulationen, die in etwa identische

Energiegewinne für beide im Projekt Emrichstraße eingesetzten TWD-Systeme errechnet hatten, ergeben sich beim Vergleich der zwei Systeme deutliche Unterschiede. Das TWD-Modulsystem erreicht mit einem Energiegewinn von 13 kWh/m^{2}a nicht annähernd das Niveau des TWD-Wärmdämmverbundsystems mit 41 kWh/m^{2}a und hat unter allen Systemen die geringste Energieausbeute.

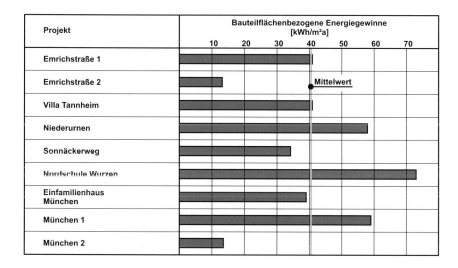

Abb. 33: Bauteil-
flächenbezogene
Energiegewinne
gegenüber der
opaken Wärme-
dämmung

Kosten

Für die Bewertung der betrachteten TWD-Systeme werden die Energiegewinne den Mehrkosten gegenübergestellt. Die oben angegebenen Kosten bei den Beschreibungen stellen die Gesamtkosten der transparenten Dämmsysteme dar (eine Ausnahme bildet das Vorhaben Emrichstraße, dort sind bereits die Mehrkosten angegeben). Von diesen Gesamtkosten sind die finanziellen Aufwendungen für ein opakes Dämmsystem abzuziehen, um die effektiven Mehrkosten der TWD-Systeme zu erhalten. Als Mittelwert für die Anbringung eines opaken Dämmsystems werden die beim Vorhaben Emrichstraße [8] entstandenen Kosten von 123 €/m^2 zugrunde gelegt.

Wie aus Abb. 34 und Tab. 19 ersichtlich, schwanken die Kosten zwischen 66 und 701 €/m^2. Als günstigstes System mit Kosten von 66 bis 166 €/m^2 erweist sich das in den Vorhaben Emrichstraße, Villa Tannheim und München 1 eingesetzte transparente Wärmedämmverbundsystem. Die anderen Systeme sind aufgrund ihres komplexeren Aufbaus und der benötigten Verschattung deutlich teurer. Die durchschnittlichen Mehrkosten der TWD-Systeme liegen bei 297 €/m^2.

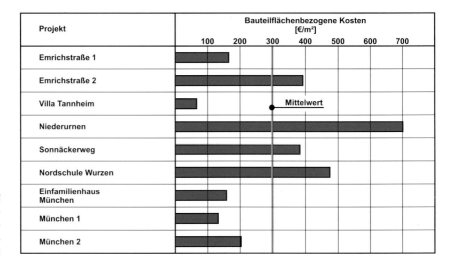

Abb. 34: Darstellung der bauteilflächen- bezogenen Mehr- kosten der TWD- Systeme

Wirtschaftlichkeit

Die Berechnung der Wirtschaftlichkeit gemäß Ziffer 2 bei Zugrundelegung einer rechnerischen Lebensdauer von 40 Jahren führt zu den in Tab. 19 und Abb. 35 angegebenen Gestehungskosten.

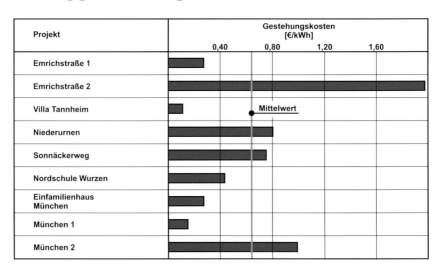

Abb. 35: Berech- nete Gestehungs- kosten der unter- suchten TWD- Systeme

Die ermittelten Gestehungskosten bewegen sich zwischen 0,11 €/kWh und 1,97 €/kWh. Der Mittelwert liegt bei 0,64 €/kWh. In [14] werden Gestehungs- kosten von 0,10 €/kWh bis 0,50 €/kWh angegeben. Das TWD-Modulsystem

Objekt		System	Bauteilflächen-bezogene Mehrkosten [€/m²]	Bauteilflächen-bezogene Energiegewinne [kWh/m²a]	Gestehungs-kosten [€/kWh]
EnSan	Emrichstraße 1	TWD-Verbundsystem	166	41	0,27
	Emrichstraße 2	TWD-Modulsystem	392	13	1,97
Sonstige Sanierungen	Villa Tannheim	TWD-Verbundsystem	66	41	0,11
	Niederurnen	TWD-Modulsystem	701	58	0,80
	Sonnäckerweg	TWD-Modulsystem	383	34	0,75
	Nordschule Wurzen	TWD-Modulsystem	475	73	0,43
	Einfamilienhaus München	TWD-Modulsystem	158	39	0,27
Neubau	München 1	TWD-Verbundsystem	133	59	0,15
	München 2	TWD-Modulsystem	202	14	0,99

beim Vorhaben Emrichstraße weist infolge der niedrigen Energiegewinne die schlechteste Wirtschaftlichkeit auf. Die mittleren Gestehungskosten der drei betrachteten TWD-Verbundsysteme liegen bei 0,17 €/kWh. Sie sind damit deutlich wirtschaftlicher als die TWD-Modulsysteme.

Tab. 19: Kosten, Energiegewinne und Gestehungskosten der TWD-Systeme

4.6 Glas-Doppelfassade (GDF)

Seit den 90er Jahren werden zunehmend große Bürogebäude mit Glas-Doppelfassaden (GDF) ausgeführt. Die Technologie ist auf das Kastenfenster zurückzuführen. Zwischen der inneren und äußeren Glasfassade entsteht ein Zwischenklima, das gegenüber der Außenluft ein höheres Temperaturniveau aufweist.

Die Ausführungsmöglichkeiten für GDF sind vielfältig. Die folgenden drei Hauptcharakterisierungsmerkmale sind [21]:

- Anordnung der Glas-Doppelschale (innerhalb, partiell vor oder ganzflächig vor der Außenkonstruktion)
- Anordnung der Lüftungsöffnungen (nur in der Innenschale, in der Innen- und Außenschale, weder in der Innen- noch in der Außenschale)
- Segmentierung der Glas-Doppelfassade (Fassadenzwischenraum segmentiert oder durchgehend)

Neben Vorteilen wie Unterbringung des Sonnenschutzes im Luftzwischenraum sowie verbessertem Schallschutz und eventuell kleinerem Heizwärmebedarf

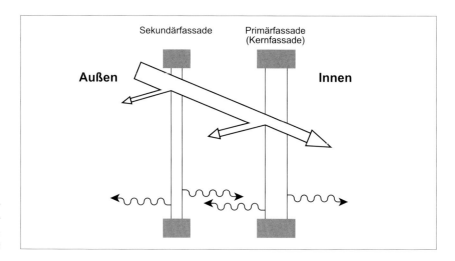

Abb. 36: Funktions-
schema einer Dop-
pelfassade bzw.
eines Kastenfensters

können GDF auch bauphysikalische Probleme verursachen. Wenn sich beispielsweise im Sommer die Luft zwischen den beiden Glasfassaden aufwärmt und
nicht schnell genug abgeführt wird, ist das Öffnen der Fenster nicht mehr möglich.
Dadurch kann eine Zu- und Abluftanlage notwendig werden. Ferner führt ein
Hitzestau im Luftzwischenraum zu hohen Innenoberflächentemperaturen der
inneren Glasfassade. Dies kann wiederum eine Kühlung des Gebäudes erforderlich machen. Zusätzliche Anlagentechnik erfordert erhöhte Investitionskosten
und führt zu erhöhtem Primärenergieverbrauch.

Glas-Doppelfassaden sind bauphysikalisch komplex, da viele Bereiche ineinander
greifen. Die Lüftströmung im Luftzwischenraum ist schwer zu beschreiben. Die
Planung eines Gebäudes mit Glas-Doppelfassade ist eine anspruchsvolle Aufgabe.
Es gibt dazu bisher noch keine Normen und standardisierte Rechenprogramme.
Die Unsicherheit bei der Planung ist noch groß. Planungsfehler können schwer-
wiegende Behaglichkeitseinbußen und permanent hohe Energieverbräuche
nach sich ziehen.

In der Fachwelt wird kontrovers über GDF diskutiert; es gibt Befürworter und
Gegner. Selbst fertiggestellte und in Betrieb befindliche Objekte werden in Fach-
zeitschriften unterschiedlich dargestellt. Es wurden bereits Messungen in einzelnen Räumen durchgeführt [22], doch umfassende Messergebnisse von mehreren Gebäuden über Behaglichkeit sowie das thermische, energetische und
lichttechnische Verhalten des Gesamtgebäudes liegen noch nicht vor. Es ist daher zum jetzigen Zeitpunkt nicht möglich, eine energetische Bewertung dieser
Technologie vorzunehmen.

5   Hybride Systeme

Beispiele für die passive Nutzung der Sonnenenergie sind gemäß Ziffer 4 nach Süden orientierte Fenster, Wintergärten, Atrien sowie transparente Wärmedämmung (TWD). Es handelt sich hierbei um bauliche Elemente. Die aktive Nutzung der Sonnenenergie erfolgt mit Hilfe von apparativen Anlagen wie Kollektoren einschließlich Umlaufpumpen und Speicher, Wärmepumpen und Absorber. Hybride Systeme stellen eine Kombination beider Systeme dar. Bauliche und apparative Elemente werden beim hybriden System eingesetzt, um Wärmeüberschüsse während strahlungsreicher Tageszeiten zu sammeln und zu speichern, um sie zu späteren Zeiten zur Raumerwärmung wieder zur Verfügung zu haben. Die hybrid-transparente Wärmedämmung (HTWD) und die Bauteilaktivierung über Luft oder Wasser wurden in den letzten Jahren so weit entwickelt, dass sie in Wohngebäuden eingesetzt werden können und zur Heizenergiereduzierung beitragen.

5.1   Hybrid-transparente Wärmedämmung (HTWD)

Mit einer transparenten Wärmedämmung (TWD) auf der Außenwand können solare Energiegewinne erzielt und zur Gebäudebeheizung herangezogen werden. Damit dies im Sommer nicht zur Überhitzung führt, ist auf der Außenseite eine Verschattung anzubringen. Dies kann durch bewegliche Verschattungselemente oder durch eine außen aufgebrachte Schicht mit reduziertem Energiedurchlassgrad (Glasperlenputz) bewerkstelligt werden. Nachteilig ist jedoch, dass die Energie bei diesem System nicht genutzt werden kann. Eine neu entwickelte hybridtransparente Dämmung (HTWD) räumt diesen Nachteil aus. Ein zwischen der transparenten Dämmung und der massiven Außenwand angebrachter Absorber (wie in Abb. 37 dargestellt) nimmt die Überschussenergie auf und führt sie über einen Solekreislauf einem Speicher zu. Auf diese Weise ist es möglich, das gesamte Solarangebot ganzjährig auszunutzen. Die dem Speicher zugeführte Energie kann zur Brauchwassererwärmung herangezogen werden.

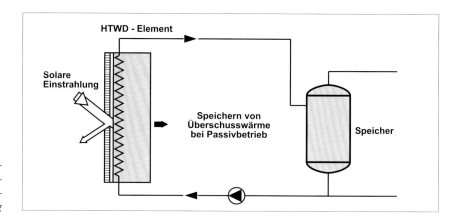

Abb. 37: Funktions-
schema der hybrid -
transparenten Wär-
medämmung

5.1.1 Hybrid-transparente Wärmedämmung im Gebäudebestand

EnSan-Projekt Schwabach

Die hybrid-transparente Dämmung (HTWD) soll im Rahmen von EnSan in einem Gebäude der Gemeinnützigen Wohnungsbaugesellschaft der Stadt Schwabach umgesetzt werden. Unter Ziffer 3.5 ist das Gebäude näher beschrieben. Es ist vorgesehen, ca. 45 m² HTWD auf der Außenfassade des Mehrfamilienhauses anzubringen. Der zwischen HTWD und Außenwand installierte Absorber wird über ein Rohrsystem mit dem Brauchwasserspeicher verbunden. Mit Hilfe einer Umwälzpumpe und einer geeigneten Regelung wird die überschüssige Energie zur Brauchwassererwärmung genutzt. Während Zeiten mit Heizwärmebedarf erfolgt die Wärmezuführung wie bei der üblichen TWD passiv über die Wand. Die energetische und kostenmäßige Bewertung kann erst nach Abschluss des Vorhabens vorgenommen werden.

5.1.2 Einsatz der hybrid-transparenten Dämmung in einem Versuchsgebäude

Versuchsgebäude Holzkirchen

Zur Untersuchung des thermischen und energetischen Verhaltens von HTWD-Elementen im Vergleich zur TWD und zur opaken Wärmedämmung unter natürlicher Bewitterung ist auf dem Freigelände des Fraunhofer-Instituts für Bauphysik in Holzkirchen ein Versuchsgebäude errichtet worden. Das Gebäude besitzt zwei HTWD-Elemente an der Südfassade und ein Element an der Ostfassade. Die übrigen Außenwände sind mit 10 cm dicker opaker Wärmedämmung versehen. Abb. 38 zeigt eine schematische Darstellung des Systems, das sich aus einem pas-

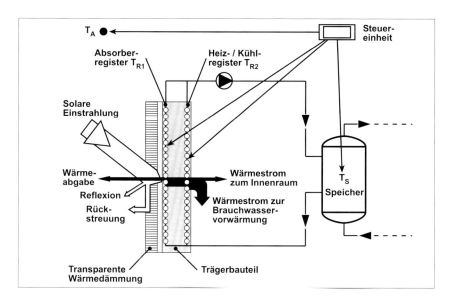

Abb. 38: Schematische Darstellung der HTWD-Versuchsanlage

siven (Wand) und einem aktiven Teil (Speicher, Pumpe, Regelung) zusammensetzt. Die transmittierte solare Energie wird hinter der transparenten Dämmung in Wärme umgewandelt. Über das in der Absorberschicht untergebrachte Register (Wärmetauscher) kann jedoch ein Teil der Wärme abgeführt werden. Die Restwärme, die aufgrund des vorhandenen Temperaturgradienten noch nach innen gelangt, wird bei Bedarf vom Heiz-/Kühlregister (Wärmetauscher) im Bereich der Wandinnenoberfläche aufgenommen. Soll solare Wärme, die am Absorberregister ansteht, sofort oder zu einem gewünschten Zeitpunkt dem Gebäudeinneren zugeführt werden, so können Absorber und Heizregister kurzgeschlossen werden. Die Wärme gelangt ungeachtet eines „schweren" oder „leichten" Wandbaustoffs sofort zur Innenoberfläche.

Im Sommer kann dem innenliegenden Register kaltes Wasser aus dem unteren Bereich des Speichers zugeführt werden, es wirkt dann als Kühlregister. Das Wasser gelangt anschließend über das Absorberregister nachgewärmt in den Speicher. Mit dem Erdreichwärmetauscher verbunden ist das innere Register auch getrennt vom Absorberregister zur Kühlung der Wandinnenoberfläche einzusetzen. Der zeitweise passive Betrieb eines HTWD-Elements diente als TWD im Vergleich der unterschiedlichen Systeme.

Der auf der Innenseite der Wand angebrachte Wärmetauscher stellt eine erweiterte Variante des HTWD-Systems dar. Auf diese Weise ist das System flink und kann auch zur Kühlung im Sommer eingesetzt werden, doch der Regelaufwand ist dabei sehr hoch.

Die im Rahmen der dreijährigen Messphase gewonnenen Daten sind in [23] dargestellt. Im folgenden Abschnitt werden die wesentlichen Ergebnisse erläutert.

5.1.3 Bewertung

Bei der hybrid-transparenten Wärmedämmung (HTWD) handelt es sich um eine relativ neue Entwicklung, die bisher noch in keinem bewohnten Gebäude umgesetzt wurde. Es liegen derzeit daher nur Messungen von dem in Holzkirchen durchgeführten Forschungsvorhaben vor.

Energiegewinne

Die messtechnisch ermittelten Energiegewinne wurden mit einem Rechenprogramm auf die Wetterdaten des Testreferenzjahres Würzburg umgerechnet. Tab. 20 zeigt sowohl die bauteilspezifischen Energiegewinne des HTWD-Elements als auch die des TWD-Elements. Bei den Wärmegewinnen in der Heizperiode handelt es sich um den Energiegewinn, der gegenüber einem opak gedämmten Wandelement erzielt wurde.

Tab. 20: Energie gewinne von HTWD und TWD gegenüber einer opaken Wärme- dämmung

Objekt		System	Wärmegewinne [kWh/m²]		
			Heizperiode	Sommer-periode (zur Brauch-wasservorer-wärmung)	Summe
Neubau	Holzkirchen	TWD	85	–	85
	Holzkirchen	HTWD	112	136	248

Die Untersuchung zeigt, dass mit der HTWD die Wärmegewinne in der Heizperiode gegenüber der TWD sogar noch erhöht werden können. Zudem ergeben sich in der Sommerperiode durch die Möglichkeit der Brauchwasservorwärmung weitere Energiegewinne in Höhe von 136 kWh/m². Über das Jahr gesehen wurden mit dem HTWD-Element gegenüber der opaken Wärmedämmung Energiegewinne von 248 kWh/m² erzielt. Die TWD erzielte im gleichen Zeitraum einen Energiegewinn von 85 kWh/m².

Über Kosten der HTWD werden in [23] keine Angaben gemacht. Eine Wirtschaftlichkeitsbetrachtung ist aus diesem Grund nicht möglich.

5.2 Bauteilaktivierung durch Luft bzw. Wasser

Bei der Bauteilaktivierung wird die im Kollektor aufgenommenen Sonnenenergie in Gebäudebauteilen gespeichert und später zur Gebäudebeheizung herangezogen. Der Energietransport vom Kollektor zum Bauteil erfolgt während der Heizperiode in strahlungsreichen Zeiten über einen geschlossenen Luftkreislauf mittels Ventilator.

Zeitversetzt führt das Speicherbauteil dem Raum die gespeicherte Wärme wieder zu. Die Bauteilaktivierung durch Wasser ist vom Prinzip her mit der Bauteilaktivierung durch Luft identisch. Anstelle von Luft wird Wasser in einem Kollektor erwärmt und mittels Pumpe ebenfalls in einem geschlossenen Kreislauf zum Speicher im Gebäudeinnern geführt.

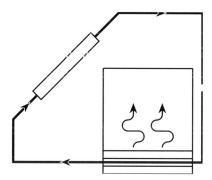

Abb. 39: Schematische Darstellung des Hybridsystems Bauteilaktivierung durch Luft bzw. Wasser

5.2.1 Einsatz der Bauteilaktivierung in Neubauprojekten

Niedrigenergie-Mehrfamilienhaus, München

Beim Niedrigenergiehaus in München sind im Rahmen eines Forschungsvorhabens neben der Umsetzung eines Wintergartens (s. Ziffer 4.4.2) und unterschiedlicher transparenter Dämmsysteme (s. Ziffer 4.5.2) verschiedene Hybridsysteme realisiert worden [16].

Zur Anwendung kam eine Bauteilaktivierung durch Luft (System A), eine Bauteilaktivierung durch Luft kombiniert mit einer direkten Zuluftvorerwärmung (System B) und eine Bauteilaktivierung durch Wasser (System C). Im Fall der luftgestützten Bauteilaktivierung (System A) wird Luft in einem 6,6 m² großen Kollektor erwärmt und mittels Ventilator in einem geschlossenen Kreislauf durch das einbetonierte Röhrensystem der im Gebäudeinnern befindlichen Speicherwand geführt. Das System B entspricht vom Aufbau dem eben beschriebenem System A, jedoch wird bei Solarangebot und gleichzeitigem Wärmebedarf der Wohnung zuerst die im Kollektor erwärmte Luft direkt in die Wohnung eingeblasen. Ist so der Wärmebedarf gedeckt, stellt sich die gleiche Betriebsweise wie bei System A ein. Es handelt sich also um eine Kombination aus direkter Zuluftvorwärmung und Hybridsystem. Beim System C wird anstelle von Luft Wasser als Wärmeträgermedium eingesetzt. In zwei Kollektoren mit einer Gesamtfläche von 4 m^2 wird das Wasser erwärmt und einem auf der Innenwand im Putz verlegten Rohrsystem zugeführt.

Abb. 40: Niedrig-energie-Mehr-familienhaus in München

Die für den Betrieb der Hybridsysteme benötigte Energie für die Ventilatoren und Pumpen wurde durch eine Photovoltaik-Anlage erzeugt. Bei der Bewertung der Energiegewinne wurde dieser Energiegewinn nicht berücksichtigt.

Der für System A gemessene kollektorflächenspezifische Energiegewinn während der Heizperiode betrug 181 kWh/m^{2}a. Das System B hatte mit 204 kWh/m^{2}a einen etwas höheren und das System C mit 238 kWh/m^{2}a den höchsten Energiegewinn. Für die Kosten einschließlich der Photovoltaik-Anlage ergaben sich nach den Angaben aus [16] bauteilspezifische Beträge von 2951 €/m^2 bei System A, 3221 €/m^2 bei System B und 3525 €/m^2 bei System C.

Reihenhaus-Wohnanlage am Weinmeisterhornweg in Berlin

Das 2½-geschossige Wohngebäude umfasst drei Reihenhäuser mit jeweils zwei übereinanderliegenden Wohnungen [24]. Der Hüllflächenfaktor (A/V-Verhältnis) beträgt für das Gesamtgebäude 0,53 m^{-1}, für das Reiheneckhaus 0,59 m^{-1} und für das Reihenmittelhaus 0,43 m^{-1}. Die beheizte Fläche je Reihenhaus liegt bei ca.

155 m². Untersucht wurden die Wohnungen des Reihenmittelhauses. Die südliche, 24 cm dicke Betonaußenwand ist mit einem Wärmedämmverbundsystem versehen. Die übrigen Außenwände aus Kalksandstein besitzen eine hinterlüftete Vorhangfassade mit 8 cm Mineralwolledämmung. Alle Fenster sind wärmeschutzverglast. Die als Grasdach ausgeführte Dachkonstruktion hat eine Übersparrendämmung mit einer Dicke von 12 cm. Die unterste Geschossdecke ist mit 10 cm gedämmt.

Abb. 41: Südansicht des untersuchten Reihenmittelhauses. Die Luftkollektoren sind jeweils seitlich der Fenster montiert.

Die Wohnungen werden mit Heizkörpern beheizt. Zusätzlich findet eine Beheizung über das Hybridsystem statt. Hinter den Luftkollektoren liegt die Betonspeicherwand, in der sich senkrechte, runde Luftkanäle befinden. Die Kollektoren mit einer Gesamtfläche von 6,6 m² sind im Abstand von 2 cm vertikal vor der Speicherwand angebracht und wie das Gebäude 35° aus der Südrichtung nach Westen orientiert. Angetrieben durch einen Ventilator strömt die im Kollektor erwärmte Luft im geschlossenen Kreislauf durch die runden Luftkanäle in der Betonaußenwandschale und erwärmt dabei die Speicherwand. Um die Energie der Speicherwand gezielt abrufen zu können, ist vor der Speicherwand eine Holzleichtbauwand mit unteren und oberen Klappen installiert. Durch Regelung dieser Klappen über einen Raumthermostat kann gezielt bei Wärmebedarf des Raumes die in der Speicherwand gespeicherte Wärme abgerufen werden.

Die Messungen ergaben einen bauteilflächenspezifischen Energiegewinn von 90 kWh/m²a. Dem gegenüber steht jedoch ein bauteilflächenspezifischer Stromverbrauch von 23 kWh/m²a für den Betrieb der Ventilatoren. Die Kosten des Hybridsystems betrugen 2162 €/m².

Mehrfamilienwohnhaus in der Lützowstraße in Berlin

Im Rahmen eines Forschungsvorhabens wurde an einem 1988 in Berlin erstellten Mehrfamilienwohngebäude der Beitrag eines Hybridsystems zur Heizenergie-reduzierung untersucht. Das Wohngebäude umfasst 31 Wohneinheiten mit einer Gesamtwohnfläche von 2474 m². Es handelt sich um einen kompakten Gebäude-körper mit einem Hüllflächenfaktor von 0,28 m^{-1}. Die Wohnungen sind in sieben Etagen untergebracht. Auf den untersten zwei Ebenen befinden sich zweige-schossige Atelierwohnungen. In Ebene drei bis fünf liegen die Wohnungen, die mit hybriden und passiven Solarsystemen ausgestattet sind.

Die untersuchte, mit einem Hybridsystem ausgestattete Wohnung erstreckt sich über zwei Etagen. In den beiderseits des Wintergartens vertikal an den Südflächen des Gebäudes angebrachten Luftkollektoren mit einer Fläche von 18,6 m² erwärmt sich die Luft. Die Geschossdecken, die als Energiespeicher dienen, sind mit Luft-kanälen ausgestattet. Über einen geschlossenen, mit einem Ventilator betriebenen Luftkreislauf erfolgt der Energietransport vom Kollektor zum Speicher. Die Energie wird zeitverzögert an den darunter liegenden Raum abgegeben.

Abb. 42: Südansicht des untersuchten Mehrfamilienhauses

In der Heizperiode von September 1988 bis Mai 1989 betrug der kollektorflächen-spezifische Energiegewinn 155 kWh/m²a. Für den Betrieb der Ventilatoren des Hybridsystems wurde während der Heizperiode bei einer mittleren Laufzeit von 1075 h ein auf die Kollektorfläche bezogener Stromverbrauch von 12 kWh/m²a gemessen. Über Kosten werden in [25] keine Angaben gemacht.

Reihenhauswohnanlage an der Wannseebahn in Berlin

Bei diesen vier Reihenhäusern, die 1994 errichtet und im Rahmen eines Forschungsvorhabens [26] untersucht wurden, befinden sich die Luftkollektoren auf dem Dach des Gebäudes. Die Reihenhäuser sind dreigeschossig und umfassen jeweils eine Wohnung mit einer beheizten Fläche von 197 m². Das Gebäude ist ca. 25° aus der Südrichtung nach Osten gedreht. Auf der Südseite ist den Reihenhäusern ein nicht beheizter 2½-geschossiger Wintergarten mit einer Grundfläche von 35 m² vorgelagert.

Die nördliche Außenwand ist in Holzbauweise mit 16 cm Dämmung ausgeführt. Die südliche, an den Wintergarten angrenzende Außenwand besteht aus Ziegelmauerwerk mit 6 cm dicker außenseitiger Hartschaumdämmung. Die in Betonbauweise erstellten Umfassungswände des Untergeschosses sind von außen ebenfalls mit 6 cm Hartschaum gedämmt. Die Fenster des Gebäudes, einschließlich derer zum Wintergarten, sind wärmeschutzverglaste Holzfenster. Das Dach besitzt eine Zwischensparrendämmung mit 14 cm Mineralwolle. Da das gesamte Untergeschoss beheizt ist, ist die Bodenplatte unter dem Estrich mit 10 cm Hartschaum gedämmt.

Abb. 43: Südansicht der Reihenhäuser

Alle vier Häuser sind mit Hybridsystemen ausgestattet. Das westliche Mittelhaus wurde mittels Messprogrammen detailliert untersucht. Auf dem geneigten Dach oberhalb der Dachgauben sind neun Luftkollektoren mit einer Gesamtfläche von 17 m² installiert. Die im Kollektor erwärmte Luft strömt, angetrieben durch einen Ventilator, im geschlossenen Kreislauf durch ein Röhrenregister, das sich in der Gebäudemittelwand befindet, und überträgt auf diese Weise die solar gewonnene

Wärme an den die Röhren umschließenden Beton. Die Betonspeicherwand mit integriertem Rohrregister erstreckt sich über zwei Geschosse.

In der betrachteten Heizperiode wurde ein kollektorflächenspezifischer Energiegewinn von 93 kWh/m²a gemessen. Der Stromverbrauch für die Ventilatoren betrug im gleichen Zeitraum 5 kWh/m²a. Für das Hybridsystem wurden Bruttokosten in Höhe von 794 €/m² ermittelt.

Einfamilienhaus in Zaberfeld

Das im Einfamilienhaus in Zaberfeld umgesetzte Hybridsystem besteht aus den auf der Außenwand montierten Luftkollektoren und der als Speicher dienenden Erdgeschossdecke. Bei diesem Forschungsvorhaben [27] sollte neben der Bewertung der Effizienz des Hybridsystems noch das Zusammenwirken der Heizsysteme Kachelofen, Elektrospeicherheizung und Hybridsystem untersucht werden.

Die beheizte Wohnfläche des seit 1995 bewohnten, in Massivbauweise erstellten Hauses ist über das Erd- und Dachgeschoss verteilt und beträgt 90,7 m². Das Gebäude ist nicht unterkellert. Die Außenwände bestehen aus Stahlbeton mit außenseitiger Dämmung. Die Holzfenster des Gebäudes sind wärmeschutzverglast. Das Dach ist zwischen den Sparren mit 16 cm Mineralwolle gedämmt. Die Bodenplatte besitzt unter dem Estrich 4 cm Wärmedämmung.

Abb. 44: Süd- und Ostseite des Gebäudes

An der Südseite des Gebäudes sind vor dem Wohnbereich und dem Küchenbereich jeweils drei Luftkollektormodule von 1 m Breite und 2 m Höhe in die Fassade integriert. Somit ergibt sich eine vertikale Kollektorfläche von insgesamt 12 m². Als Speichermedium für die Solarenergie dient ein ca. 36 m² großer Bereich der Betondecke. In der Erdgeschossdecke befindet sich das luftdurchströmte Rohrsystem. Der Energieeintrag in die Speicherdecke erfolgt über einen geschlossenen Kreislauf zwischen Decke und Kollektormodul.

In der Heizperiode von September 1996 bis Mai 1997 betrug die durch das Hybridsystem gewonnene, auf die Kollektorfläche bezogene Energie 102 kWh/m²a. Die für den Betrieb der Ventilatoren benötigte Hilfsenergie belief sich auf 7 kWh/m²a. Die Kosten des Systems liegen gemäß [27] bei 2352 €/m².

Doppelhaus in Petersberg

Das im Doppelhaus in Petersburg realisierte Hybridsystem zeichnet sich durch einen Luftkollektor aus, der nicht im Werk vorgefertigt, sondern vor Ort erstellt wurde. Bei dem Gebäude handelt es sich um ein dreigeschossiges Doppelhaus [28]. Es ist etwa zur Hälfte unterkellert. Im Erdgeschoss jeder Haushälfte befinden sich ein Wohnraum, die Küche und ein WC. Im Obergeschoss liegen Elternschlafzimmer, zwei Kinderzimmer und ein Bad. Im Dachgeschoss ist ein weiteres Kinderzimmer, ein Gästezimmer sowie ein Bad mit Dusche untergebracht. Insgesamt ergibt sich für jede Haushälfte eine Wohnfläche von 167 m². Das A/V-Verhältnis des Gebäudes beträgt 0,65 m⁻¹. Die Außenwände sind als Hochlochziegelmauerwerk ausgeführt und weisen einen U-Wert von 0,20 W/m²K auf. Die Fenster sind wärmeschutzverglast mit einem Uw-Wert von 1,4 W/m²K. Der U-Wert des Daches liegt bei 0,19 W/m²K.

Der bauteilintegrierte Luftkollektor stellt eine kostengünstige Lösung dar. Auf der Außenwand, die im Bereich des Kollektors etwas dünner ausgeführt ist, befindet sich eine 6 cm dicke Polyurethan-Dämmschicht und im Abstand von einigen Zentimetern davor eine Fensterfassade. In diesem Luftzwischenraum erwärmt sich bei ausreichender Solarstrahlung die Luft. Durch die Integration des Kollektors in die Außenwand gelangt ein Teil der im Kollektor gewonnenen Energie direkt in die dahinter liegende Wand. Auf der Raumseite der Speicherwand ist eine Vorsatzschale mit unteren und oberen Klappen zur gezielten Wärmeentnahme installiert. Der zweite Speichervorgang erfolgt über einen Luftkreislauf, bei dem die im Kollektor erwärmte Luft mittels Ventilator durch ein Rohrnetz in den Decken geführt wird.

Die im Zeitraum September 1998 bis Mai 1999 erzielten Energiegewinne beliefen sich auf 95 kWh/m²a. Für die Hilfsenergie wurde ein kollektorflächenspezifischer Stromverbrauch von 5 kWh/m²a gemessen. Die Gesamtkosten für das installierte Hybridsystem waren mit 557 €/m² relativ günstig.

5.2.2 Bewertung

Energiegewinne

Die auf die Kollektorfläche bezogenen Energiegewinne der untersuchten hybriden Systeme sind in Abb. 46 und Tab. 21 zusammengestellt. Die durchschnittlichen Gewinne betragen 145 kWh/m²a bei einem Schwankungsbereich von etwa 90 bis 240 kWh/m²a. Die untersuchten Systeme liegen somit auch in dem in [14] angegebenen Bereich von 100 bis 300 kWh/m²a für luftgeführte Systeme, wobei das Maximum der untersuchten luftgeführten Hybridsysteme bei knapp über 200 kWh/m²a liegt. Beim Projekt, das am Mehrfamilienwohnhaus in München durchgeführt wurde, ergaben sich im Vergleich zu den restlichen Vorhaben die höchsten Energiegewinne. Der Vergleich der drei verschiedenen Systemvarianten in München ist aufschlussreich. Da sämtliche Randbedingungen der drei Systeme identisch waren, lassen sich diese bezüglich ihrer Energieausbeute gut miteinander vergleichen. So zeigt sich, dass die wassergeführte Wandbeladung (München C) im Vergleich zur luftgeführten Wandbeladung (München A) deutlich besser abschneidet. Der Mehrgewinn gegenüber der luftgeführten Wandbeladung beträgt 57 kWh/m²a. Das System mit der luftgeführten Wandbeladung kombiniert mit der direkten Zuluftvorerwärmung (München B) erreicht ebenfalls nicht die Werte der wassergeführten Wandbeladung, erzielt aber mit 204 kWh/m²a bessere Ergebnisse als das System A mit reiner Wandbeladung.
Bei der Betrachtung der Energiegewinne muss bei den hybriden Systemen jedoch auch der zum Betrieb der Anlagen benötigte Hilfsenergieverbrauch durch Venti-

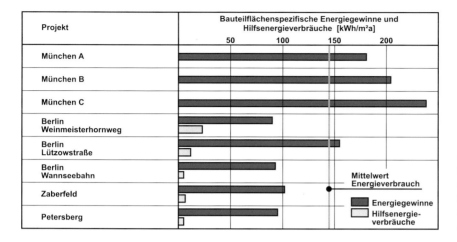

Abb. 46: Bauteil-flächenspezifische Energiegewinne der Hybridsysteme sowie benötigte Hilfsenergien

latoren bzw. Pumpen berücksichtigt werden. Mit Ausnahme der Systeme in München, bei denen die Hilfsenergie durch Photovoltaik bereitgestellt wird, ergeben sich zusätzliche Stromverbräuche von 5 bis 23 kWh/m²a.

Kosten

Die in den untersuchten Vorhaben ermittelten bauteilflächenspezifischen Kosten bewegen sich, wie in Abb. 47 und Tab. 21 dargestellt, zwischen ca. 560 €/m² und 3530 €/m². Das im Einfamilienwohnhaus in Petersberg umgesetzte Hybridsystem mit dem vor Ort gefertigten Luftkollektor stellt das billigste und das in München (System C) realisierte wassergeführte System das teuerste Hybridsystem dar. Für das Projekt Berlin Lützowstraße sind keine Kosten bekannt. Der durchschnittliche Kostenwert der Hybridsysteme liegt bei etwa 2220 € je m² Kollektorfläche.

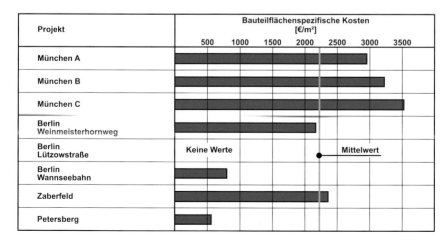

Abb. 47: Darstellung der bauteil-flächenbezogenen Mehrkosten der Hybridsysteme

Wirtschaftlichkeit

Die Berechnung der Wirtschaftlichkeit der einzelnen Systeme erfolgt gemäß Ziffer 2. Als rechnerische Lebensdauer werden 20 Jahre angenommen, da es sich um anlagentechnische Bauteile handelt. Einige Systeme benötigen elektrische Energie für den Betrieb des Ventilators. Um alle Systeme miteinander vergleichen zu können, wird der für den Wärmetransport benötigte Ventilatorstrom primärenergetisch bewertet (mit Faktor 3 multipliziert) und von den Energiegewinnen abgezogen. Es erfolgt dadurch keine Benachteiligung dieser Systeme, denn bei den Anlagen mit photovoltaikbetriebenen Ventilatoren (Mehrfamilienhaus München: System A, B, C) werden die Kosten der PV-Paneele bei den Anlagenkosten berücksichtigt.

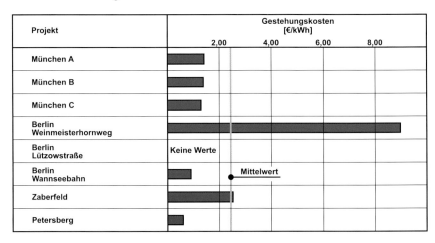

Abb. 48: Berechnete Gestehungskosten der untersuchten Hybridsysteme

Die so ermittelten Gestehungskosten liegen, wie im Abb. 48 und in Tab. 21 dargestellt, zwischen 0,61 €/kWh und 8,98 €/kWh. Der Mittelwert beträgt 2,4 €/kWh. Die kleinsten Gestehungskosten weist das im Einfamilienhaus in Petersberg umgesetzte Hybridsystem auf, da die Erstellungskosten des vor Ort hergestellten Kollektors günstig waren. Die höchsten Kosten sind beim Vorhaben Weinmeisterhornweg zu verzeichnen, obwohl die auf die Kollektorfläche bezogenen Kosten mit 2162 €/m^2 nicht die Höchstkosten darstellen. Der Grund für die hohen Gestehungskosten ist der relativ geringe Energieertrag und der hohe Ventilatorstromverbrauch.

Der Mittelwert der Gestehungskosten ohne Betrachtung des Projektes Weinmeisterhornweg beträgt 1,35 €/kWh. Im Vergleich dazu liegen die Gestehungskosten beim Vorhaben Weinmeisterhornweg um mehr als Faktor 6 höher.

Objekt	System	Bauteilflächen-bezogene Kosten [€/m²]	Bauteilflächen-bezogene Energiegewinne [kWh/m²a]	Hilfsenergie (Stromver-brauch durch Ventilatoren/ Pumpen [kWh/m²a]	Gestehungs-kosten [€/kWh]
München A	Wandbeladung über Luftkollektoren	2951	181	erzeugt durch Photovoltaik	1,42
München B	Wandbeladung und Zuluftvorerwärmung	3221	204	erzeugt durch Photovoltaik	1,38
München C	wassergeführte Wandbeladung	3525	238	erzeugt durch Photovoltaik	1,29
Berlin, Weinmeisterhornweg	Wandbeladung über Luftkollektoren	2162	90	23	8,98
Berlin, Lützowstraße	Deckenbeladung über Luftkollektoren		155	12	–
Berlin, Wannseebahn	Wandbeladung über Luftkollektoren	794	93	5	0,89
Zaberfeld	Deckenbeladung über Luftkollektoren	2352	102	7	2,53
Petersberg	Decken-/Wandbeladung über Luftkollektoren	557	95	5	0,61

Tab. 21: Kosten, Energiegewinne, Hilfsenergie und Gestehungskosten der Hybridsysteme

6 Aktive solare Fassadensysteme

6.1 Direkte Zuluftvorerwärmung mittels Luftkollektoren

Eine direkte solare Zuluftvorwärmung erfolgt über so genannte Luftkollektoren. Der Absorber des Kollektors wandelt die kurzwellige Sonnenstrahlung in Wärme um. Die den Absorber umströmende Luft wird dabei schon bei niedrigen Außenlufttemperaturen und geringer Einstrahlung erwärmt und kann so die Raumheizung entlasten.

Erste patentierte Luftkollektoren sind bereits Ende des 19. Jahrhunderts in den USA entwickelt und realisiert worden. Im deutschsprachigen Raum experimentiert man seit Ende der 70er Jahre mit solaren Luftheizsystemen. Mittlerweile sind Luftkollektorsysteme zwar am Markt eingeführt und bereits von mehreren Herstellern zu beziehen, dennoch verbreitet sich diese Technologie im Vergleich zu den etablierten solaren Wassersystemen nur sehr zögerlich. Denn aufgrund der geringen Wärmekapazität von Luft werden große Volumenströme benötigt und der Wärmeübergang im Absorber ist beim gasförmigen Wärmeträger Luft im Vergleich zu Wasser wesentlich schlechter.

Über die Größe der derzeit im Altbaubereich installierten Flächen gibt es keine zuverlässigen Angaben. Für die direkte Zuluftvorwärmung mittels Luftkollektoren können unterschiedliche Systemlösungen verfolgt werden (Systeme mit Speicher wurden bei den hybriden Systemen – Kapitel 5.2 – bereits näher beschrieben):

- **Solares Zuluftsystem**
  Hier wird die solar erwärmte Frischluft direkt in den Raum eingeblasen. Dieses System kann auch bei Sanierungen eingesetzt werden, bei denen man auf keine vorhandene Abluftanlage zurückgreifen kann. Da hiermit aber keine kontrollierte Luftführung möglich ist, ist eine Anwendung nur bei Industriehallen, Lagerhallen, Sporthallen etc. sinnvoll. Besser ist daher die Kopplung mit einer (vorhandenen) Abluftanlage.

- **Solar unterstützte Wohnungslüftung**
  Die solar über einen Luftkollektor erwärmte Frischluft wird einer Lüftungsanlage zugeführt. Über einen Wärmetauscher kann dann zusätzlich Wärme aus der Abluft gewonnen werden. Dieses System ist in der Regel nur bei Sanierungsobjekten mit bestehender Lüftungsanlage sinnvoll.

- **Solare Luftheizung mit Trinkwarmwassererwärmung**
  Da in den Sommermonaten eine Beheizung der Räume meist nicht notwendig

ist, kann die im Luftkollektor anfallende Wärme in diesem Zeitraum die Trinkwarmwasserbereitung unterstützen.

6.1.1 Funktionsschema

Abb. 49 zeigt das Funktionsschema einer Zuluftvorerwärmung mittels Luftkollektoren in Verbindung mit einem Abluftsystem. Das Abluftsystem ermöglicht dabei ein kontrolliertes Nachströmen der Außenluft über die Luftkollektoren.

Auch bei diesem einfachen System ist eine Steuerung der Zuluftführung notwendig. Ist in dem zu belüftenden Raum keine Heizleistung erforderlich (z. B. im Sommer), ist die Außenluft direkt in den Raum zu führen. Aufwändiger ist die Steuerung in der Übergangszeit, wenn zwar eine relativ geringe Heizleistung

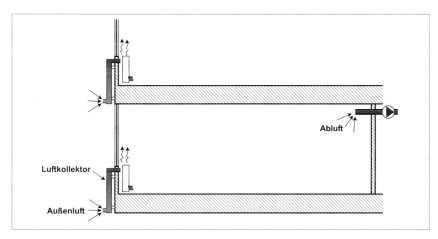

Abb. 49: Funktionsschema der solaren Zuluftvorerwärmung mittels Luftkollektoren in Verbindung mit einer Abluftanlage (z. B. EnSan-Projekt „Sonnenberg")

nötig ist, die Zulufterwärmung mittels des Luftkollektors jedoch mehr Wärme in den Raum bringt als erforderlich. Zum optimalen Ausnutzen des Luftkollektors wäre daher ein regelbarer Mischkanal sinnvoll.

Der Luftkollektor kann nur bei direkter Sonneneinstrahlung nennenswerte energetische Beiträge liefern. Da zeitgleich auch die Sonneneinstrahlung durch das Fenster – ein weiterer Kollektor in der Fassade – genutzt wird, besteht zu diesem Zeitpunkt nur ein geringer, durch den Luftkollektor zu deckender Heizwärmebedarf. Dieser Effekt tritt umso stärker auf, je besser der bauphysikalische bzw. energetische Aufbau der Hüllfläche ist. Ein Luftkollektor hat gegenüber einem vergrößerten Fenster jedoch den Vorteil, dass die Solargewinne genutzt werden können, aber während strahlungslosen Zeiten keine Verluste auftreten.

Weitere Vorteile bieten Luftkollektorsysteme, wenn verglaste Südflächen wegen Blendungen unerwünscht sind, beispielsweise bei Werks-, Lager- und Sporthallen.

Neben dem zuvor dargestellten System gibt es auch die Möglichkeit, Luftkollektoren zur Belüftung von Wohnräumen in Verbindung mit einer Zu- und Abluftanlage einzusetzen, wie in Abb. 50 dargestellt.

Hinsichtlich des energetischen Ertrags des Luftkollektors in Verbindung mit einer Zu- und Abluftanlage ergibt sich gegenüber dem reinen Nachströmsystem der Vorteil, dass die Orientierung des Luftkollektors von der Orientierung der zu belüftenden Räume unabhängig ist. Somit wird die (energetisch gesehene) Konkurrenzsituation des Luftkollektors und des Kollektors „Fenster" vermindert und der Luftkollektor dementsprechend besser ausgenutzt.

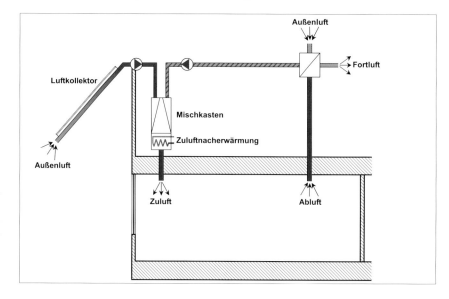

Abb. 50: Funktionsschema der solaren Zuluftvorerwärmung mittels Luftkollektoren in Verbindung mit einer Zu- und Abluftanlage (z. B. EnSan-Projekt „Wittenberg")

Oft sind Zu- und Abluftanlagen auch mit einer Wärmerückgewinnungsanlage zur Zuluftvorwärmung ausgestattet. Dabei ergibt sich das Problem, dass je nach Vorrangschaltung entweder der Nutzungsgrad der Wärmerückgewinnungsanlage oder des Luft-Kollektors vermindert wird, da beide Komponenten in Konkurrenz zueinander stehen.

6.1.2 Zuluftvorerwärmung mittels Luftkollektoren im Gebäudebestand

Für einen optimalen Betrieb von Luftkollektoren zur Zuluftvorerwärmung ist eine gute Luftdichtheit des Gebäudes unbedingt erforderlich, um eine kontrollierte Luftströmung zu gewährleisten. Zudem sollte zumindest eine mechanische Abluftanlage vorhanden sein. Beides ist in der Regel im Gebäudebestand selten vorhanden.

Neben der Installation eines Luftkollektors sollten daher bei einer Sanierung auch eine Zu- und Abluftanlage eingebaut und Maßnahmen zur Verbesserung der Gebäudedichtheit (in der Regel ein Fensteraustausch) durchgeführt werden.

Einsatz direkter Systeme im Vorhaben Wittenberg

Wie im Abschnitt 3.2 beschrieben, lag in diesem Projekt – neben der „konventionellen" energetischen Sanierung der Hüllflächen – ein Schwerpunkt auf dem Einsatz von Luftkollektoren in Verbindung mit der Neuinstallation einer zentralen Zu- und Abluftanlage.

Insgesamt sind im Rahmen dieser Sanierung Luftkollektoren (Typ „SOLARWALL", siehe Abb. 60) mit einer Fläche von 241,5 m^2 (ca. 0,06 m$^2_{KF}$/m$^2_{WF}$) installiert worden. Der Kollektor besteht aus einem perforierten Absorberblech ohne Glasabdeckung. Da, wie zuvor erläutert, im Sommerfall eine Zuluftvorerwärmung meist nicht erwünscht ist, ist im Anlagenkonzept ein „Sommerbetrieb" der Luftkollektoren in Form einer solaren Warmwasserbereitung vorgesehen. Hierzu werden jedoch nur 168 m^2 der Kollektorfläche eingesetzt.

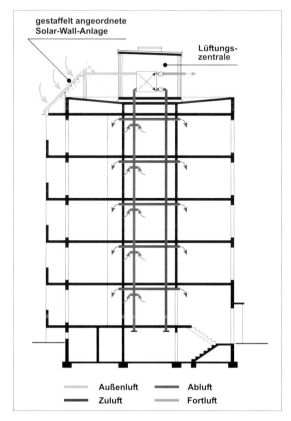

Abb. 51: Schematische Darstellung des Lüftungssystems im Vorhaben Wittenberg [7]

Abb. 51 verdeutlicht in einer schematischen Darstellung das im Vorhaben Wittenberg eingesetzte Lüftungssystem, Abb. 52 zeigt die Einbindung der Luftkollektoren in die Haustechnik.

Man kann erkennen, dass die Außenluft zuerst über die Luftkollektoren vorerwärmt und anschließend einem Wärmetauscher zugeführt wird, der die Abwärme aus der Abluft rückgewinnt. Im „Sommerbetrieb" wird die im Luftkollektor gesammelte Wärme mittels eines Luft-Wasser-Wärmetauschers einem Pufferspeicher zugeführt, der bei Erreichen der entsprechenden Betriebstemperaturen in die Warmwasserbereitung speist (Abb. 52).

Das Lüftungskonzept sieht vor, dass die Wohnungen mittels einer zentralen Zu-/Abluftanlage belüftet werden. Die Lüftungsanlage ist auf eine maximale wohnungsweise Luftwechselrate zwischen 0,66 und 0,84 h^{-1} ausgelegt.

Anzumerken ist, dass in diesem Projekt die Zu- und Abluftvolumenströme gleich gewählt wurden. Die genannten wohnungsweisen Luftwechselraten ergeben sich aus den für Bäder und Küchen erforderlichen Luftmengen von 40 bzw. 60 m^3/h. Die tatsächliche Luftwechselrate wird mittels steuerbaren Zu- und Abluftventilen festgelegt:

- In der Grundstellung sind diese auf eine Mindestluftwechselrate ausgelegt, welche jedoch in [7] nicht näher quantifiziert wird.
- Einmal in der Stunde wird durch automatisches Öffnen der Ventile die Luftwechselrate in den Wohnungen auf den Maximalwert erhöht. Die Ventilöffnungszeit ist in der Regel auf 12 Minuten festgelegt. Liegt die Außentemperatur unter –10 °C, so wird die Öffnungszeit auf 10 Minuten reduziert.
- Zusätzlich wird den Mietern eine „Bedarfslüftung" (mit maximaler Luftwechselrate) angeboten. Diese kann manuell mittels Schaltern betätigt werden. In den Nassräumen ist der erhöhte Luftwechsel an die Beleuchtung gekoppelt.

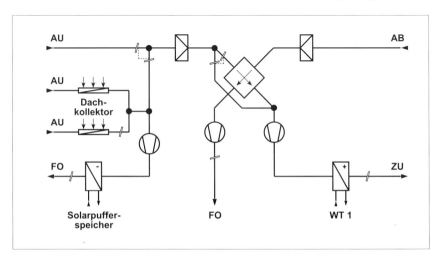

Abb. 52: Einbindung der Luftkollektoren in die Haustechnik [7]

Die Soll-Temperatur der Zuluft ist auf 24 °C festgelegt. Ist die Energie aus der Luftkollektoranlage und/oder der Wärme aus der Wärmerückgewinnung der Lüftungsanlage zum Erreichen der Soll-Temperatur nicht ausreichend, wird die Zuluft mittels eines fernwärmegespeisten Nacherwärmers auf die Soll-Temperatur erwärmt. Überschreitet die Zulufttemperatur den Sollwert, wird nacheinander die Wärmezufuhr über den Lufterhitzer unterbrochen, die Wärmerückgewinnung über einen Bypass umgangen und zuletzt Außenluft zugemischt.

Diese Soll-Temperatur der Zuluft von 24 °C erscheint zwar recht hoch, geringere Zulufttemperaturen werden jedoch in der Regel von den Nutzern nicht akzeptiert. Wenn die Zulufttemperatur vom Mieter bzw. Nutzer als zu gering empfunden wird, kann dies sogar dazu führen, dass die Zuluftöffnungen verschlossen werden [29].

Auswertung der Messergebnisse

Das Gebäude ist hinsichtlich der Gebäudetechnik und auch der messtechnischen Erfassung des Energieverbrauchs bzw. der Energieflüsse in zwei gleichartige Hälften aufgeteilt worden. In [7] sind für den Gebäudeteil 2 umfangreichere Messwerte ausgewiesen. Daher werden nachfolgend zumeist die Ergebnisse dieses Gebäudeteils aus dem Jahr 2000 herangezogen. Die mittlere Jahresaußenlufttemperatur im Jahr 2000 lag etwa 2 K höher als das langjährige Mittel (Februar, April, Mai deutlich zu warm; Juli zu kalt), deshalb sind alle Verbrauchswerte in Monaten mit mittleren Außenlufttemperaturen unterhalb einer Heizgrenztemperatur von 15 °C klimabereinigt worden.

Raumheizung

In Abb. 53 ist der monatliche klimabereinigte Bruttoheizwärmeverbrauch des Gebäudeteils 2 im Jahre 2000, aufgeschlüsselt auf die einzelnen Komponenten Fernwärme für Heizkörper und Zuluftnacherwärmung, WRG und Solar, dargestellt. Die Messungen zeigen, dass über das Jahr fast ein Drittel des Bruttoheizwärmeverbrauchs von den Komponenten Wärmerückgewinnung und solare Luftvorwärmung abgedeckt wird. Bei der Lüftungswärmebereitstellung decken WRG und Solar sogar über die Hälfte des Verbrauchs ab.

Wie Abb. 54 verdeutlicht, spielt der mit den Luftkollektoren gewonnene solare Anteil dabei allerdings eine sehr untergeordnete Rolle (weniger als 20 % der eingesparten Lüftungswärme), vorrangig wird die Energie aus der Abluftwärme (rd. 80 %) zurückgewonnen.

Die in Wittenberg realisierte Luftnacherwärmung hat aufgrund der räumlichen Trennung von der Fernwärme-Hausanschluss-Station und Dachlüftungszentrale erhebliche Verteilsystemverluste. Der regenerative Anteil für die Lufterwärmung könnte bei einer nicht ständigen Fernwärmebereitstellung in der Dachzentrale weiter erhöht werden, da die Wärmeverteilungsverluste sich auf diese Weise deutlich reduzieren würden. Eine Modifikation der hydraulischen Schaltung in

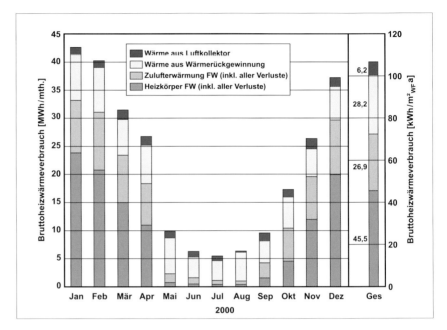

Abb. 53: Aufteilung des Bruttoheizwärmeverbrauchs auf die Anteile FW, WRG und Solar im Jahr 2000 bei Gebäudeteil 2 (klimabereinigte Werte, Jahresverbrauch bezogen auf die beheizte Wohnfläche)

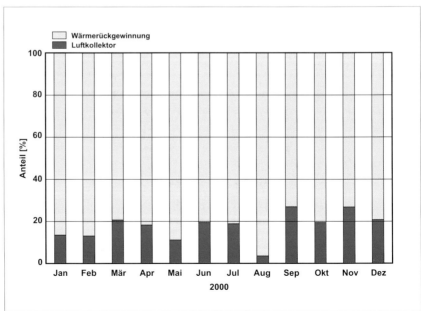

Abb. 54: Anteile von Wärmerückgewinnung und Luftkollektor an der eingesparten konventionellen Heizenergie für die Luftaufbereitung und Trinkwassererwärmung

Wittenberg lässt sich allerdings im Nachhinein nicht ohne Komforteinbußen für den Mieter bewerkstelligen. Nach [7] zeigte sich bei einer gezielt herbeigeführten Funktionsunterbrechung der Luftnacherwärmung anhand eingehender Beschwerden eindeutig, dass ein intermittierender Betrieb der Heizleistung von den Mietern des Objekts nicht akzeptiert wird. Somit ist eine Erhöhung des regenerativen Anteils bei diesem Projekt nicht möglich.

Solare Warmwasserbereitung

Vorrangig wird in Wittenberg mit den Luftkollektoren der Energiebedarf für die Luftvorerwärmung bedient. Nur in den Monaten April bis September wird die überschüssige Solarenergie zur Unterstützung der Warmwasserbereitung genutzt. Für die verwendeten Luftkollektoren wurden Wirkungsgrade zwischen 15 und 25 % ermittelt. Da bei der Warmwasserbereitung im Gegensatz zur Luftvorerwärmung das Nutz- und Wärmeübertragungsmedium nicht identisch ist, treten beim Wärmeübergang im Luft-Wasser-Wärmetauscher hohe Verluste auf. Schon bei der Ermittlung des theoretischen Wertes des solaren Beitrags von 3600 kWh/a wurde daher nur mit einem Gesamtwirkungsgrad von ca. 6 % gerechnet.

Die Messungen ergaben dann allerdings nur einen solaren Beitrag von 1500 kWh/a. Da von diesem Messwert noch die Speicherverluste in Höhe von ca. 600 kWh/a abzuziehen sind, verbleiben nur noch etwa 900 kWh/a zur Substitution der Fernwärme. Der Gesamtwirkungsgrad des solaren Trinkwarmwasserbereitungssystems liegt daher nur bei marginalen 2,5 %, der solare Deckungsgrad entspricht ca. 5 %.

Bezeichnung	Lufterwärmung	Warmwasserbereitung
Bruttoheizwärmeverbrauch [kWh/m²$_{WF}$a]	61,3	13 *
davon WRG [kWh/m²$_{WF}$a]	28,2	–
davon solarer Anteil [kWh/m²$_{WF}$a]	6,2	0,6
solarer Deckungsgrad [%]	10,1	5,0
solarer Deckungsgrad unter Berücksichtigung der WRG [%]	18,7	–

Tab. 22: Zusammenfassung der solaren Erträge des Gebäudes 2 im Jahr 2000, bezogen auf die beheizte Wohnfläche

*) ohne Umwandlungs- und Bereitschaftsverluste der Hausanschlussstation (Fernwärmeanteil) [7]

In Anbetracht des nicht unerheblichen investiven Aufwands zur Erstellung eines solchen (Zusatz -) Systems, ist der Ertrag viel zu gering. Wenn man zudem bedenkt, dass bei diesem Projekt die konventionelle Energie in Form von Fernwärme bereitgestellt wird, die vor allem im Sommer auf Wärmeabnehmer dringend angewiesen ist, muss diese solare Anlagenkomponente sehr kritisch betrachtet werden.

Die solare Gesamtbilanz des Demonstrationsgebäudes Wittenberg (Daten von Gebäudeteil 2 im Jahr 2000) wird in Tab. 22 verdeutlicht.

Wirtschaftlichkeit

Zur ökonomischen Bewertung der Luftkollektoranlagen werden die „Kosten der solaren Nutzwärme" ermittelt:

$$\text{Kosten der solaren Nutzwärme} = \frac{\text{Investitionen für die Luftkollektoranlage}}{\text{jährliche genutzte solare Nutzwärme}} \cdot \text{Annuität}$$

Zur Bestimmung der Annuität werden gemäß Ziffer 2 eine Laufzeit von 20 Jahren und ein jährlicher Zinssatz von 6 % angesetzt, so dass sich eine jährliche Annuität von 8,72 % ergibt.

Für die eingebaute Solartechnik im Projekt Wittenberg ergeben sich laut [7] überschlägige Bruttoinvestitionen in Höhe von ca. 200 000 €, davon entfallen ca. 20 000 € auf die Solarspeicherung.

Im Jahr 2000 sind von der Solaranlage des Gebäudeteils 2 insges. ca. 15 000 kWh Fernwärme bei der Luftvorwärmung substituiert worden, weitere 1500 kWh bei der Warmwasserbereitung. Daraus errechnen sich bei einem Investitionsvolumen der Solaranlage von rd. 100 000 € (für eine Gebäudehälfte) und der angenommenen Annuität von 8,72 % Brutto-Gestehungskosten in Höhe von ca. 0,53 €/kWh.

Wenn man die nicht unwesentlichen Kosten für Leitungen und Regelung bei der solaren Warmwasserbereitung vernachlässigt und nur die Kosten des solaren Speichersystems betrachtet, so ergeben sich bei substituierten 1500 kWh/a Fernwärme und einer Annuität von 8,72 % pro erzeugter kWh solare Warmwasserkosten in Höhe von ca. 1,16 €.

Der Vergleich zu wassergestützten solarthermischen Anlagen, die in der Größenordnung der Wittenberger Anlage mit Gestehungskosten von unter 0,20 €/kWh [30] aufwarten können, verdeutlicht besonders die Unwirtschaftlichkeit von solarer Warmwasserbereitung aus luftbasierenden Systemen.

Einsatz direkter Systeme im Vorhaben Friedland

Bei diesem Projekt sollte, wie in Ziffer 3.4 beschrieben, der Einsatz einer reinen Luftheizung zur Wohnraumbeheizung bei der Sanierung von DDR-Typenbauten untersucht werden.

Zur solaren Vorwärmung der Heizungsluft werden Luftkollektoren genutzt, wobei in der Südfassade Luftkollektoren (mit Glasabdeckung) mit einer Fläche von 35 m² installiert sind und auf der südlichen Dachschräge weitere 40 m² montiert wurden.

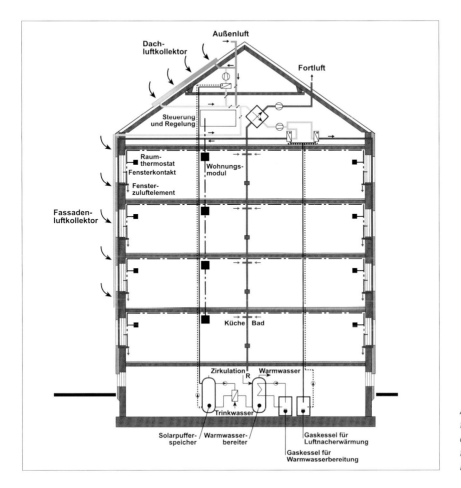

Das gesamte Luftheizsystem ist auf einen Luftvolumenstrom von 3600 m³/h ausgelegt, das entspricht ca. 2,1 m³/m²$_{WF}$h.

Abb. 55 zeigt die schematische Darstellung der Gesamtlösung dieses Demonstrationsvorhabens. Im Gegensatz zum in Abschnitt 6.1.2.1 beschriebenen Projekt Wittenberg wird in Friedland auf den Einsatz eines wasserbasierten Heizsystems vollständig verzichtet. Somit muss die Beheizung vollständig vom Lüftungssystem übernommen werden. Das bedeutet, dass das System in Friedland im Vergleich zu dem System in Wittenberg auf größere Luftmengen (Friedland 2,1 m³/m²$_{WF}$h; Wittenberg 1,1 m³/m²$_{WF}$h) und deutlich höhere Zulufttemperaturen (Friedland 45 °C; Wittenberg 24 °C) auszulegen ist.

Wegen der aufwändigeren Luftführung bei einer reinen Luftheizung gegenüber einer Wohnungslüftungsanlage konnten die Zuluftkanäle nicht innerhalb des beheizten Gebäudebereiches verlegt werden, sondern mussten auf der Außenfassade angebracht werden.

Abb. 55: Schematische Darstellung des Lüftungssystems im Vorhaben Friedland [9]

99

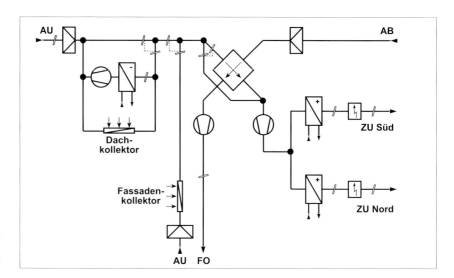

Abb. 56 verdeutlicht die Einbindung der Luftkollektoren in die Haustechnik. Die Außenluft wird zuerst über die Fassaden- und Dachluftkollektoren vorerwärmt und anschließend einem Wärmetauscher zugeführt, der die Abwärme aus der Abluft rückgewinnt. Wenn das Angebot aus Solarkollektoren und Wärmerückgewinnung nicht ausreichend ist, erfolgt eine zentrale Nacherwärmung über zwei Luftheizregister (jeweils getrennt für die Nord- bzw. Südfassade), die ihre Wärme aus einem Gas-Heizkessel im Keller beziehen. Die Zuluft kann über diese Nacherwärmung auch den unterschiedlichen Heizwärmeanforderungen der Nord und Südfassade angepasst werden. Zudem kann über dezentrale elektrische Nacherhitzer die Raumtemperatur vom Nutzer raumweise individuell geregelt werden.

Sobald die Leistung des Fassadenkollektors (inkl. WRG) allein ausreicht, um den Wärmebedarf der Lüfterzentrale abzudecken, wird der Dachkollektor herausgeschaltet und für die Warmwasserbereitung freigegeben. Die im Dachkollektor erzeugte Wärme wird mittels eines Luft-Wasser-Wärmetauschers einem Pufferspeicher im Keller zugeführt, der bei Bedarf über einen Wärmetauscher das Trinkwarmwasser vorwärmt. Der überwiegende Anteil des Wärmebedarfs für die Trinkwarmwasserbereitung wird aus dem Gaskessel bezogen.

Heizbetrieb

Im so genannten „Winterbetrieb" erfolgt die Energiezufuhr in die Räume über die Fensterzuluftgeräte. Die Soll-Temperatur der Zuluft ist fassadenweise so geregelt, dass die Transmissionswärmeverluste der Räume einer Fassade bei Soll-Raumtemperatur abgedeckt werden. Aufheizprozesse können mit dem elektrischen

Nacherhitzer erreicht werden. Bei Fensteröffnung wird über Fensterkontakte automatisch die Energiezufuhr unterbrochen (Zuluftklappe geschlossen, Nacherhitzer ausgeschaltet). Außerhalb der Nutzungszeit bzw. nachts wird auf abgesenkten Heizbetrieb umgeschaltet. Dafür wird die Raumsolltemperatur auf einen individuell festlegbaren Minimumwert herabgesetzt. Die Umschaltzeiten können vom Nutzer festgelegt werden.

Überschreitet die Außentemperatur 20 °C, wird zentral für alle Räume auf den sog. „Sommerbetrieb" umgestellt. Die elektrischen Nacherhitzer werden deaktiviert und die Zuluftklappen geschlossen.

Lüftungsbetrieb

Für die Betrachtung der Lüftungsanforderungen werden folgende Betriebsweisen unterschieden:

- Die Grundstellung ist auf eine Mindestluftwechselrate ausgelegt, welche jedoch in [9] nicht näher quantifiziert wird. Über die Abluftanlage wird ein minimaler Luftwechsel durch Fugenundichtigkeiten der Fassade erreicht.
- Bei der Normallüftung wird dem Raum der Bemessungsvolumenstrom zugeführt.
- Als weitere Alternative kann der Mieter eine „Stoßlüftung" über die Fenster vornehmen. In diesem Fall sind die Zuluftklappen geschlossen, während über die Abluftklappen ein Teil des Stoßluftvolumenstroms abgeführt wird.

Heizenergiebedarfskennwerte

Laut Zielvorgabe soll ein Heizwärmebedarf q_h von 35,6 kWh/m$^2_{WF}$a nicht überschritten werden. Anhand der Energiediagnose des Sanierungskonzepts errechnet sich ein spezifischer Heizwärmebedarf q_h nach der Sanierung von 35,2 kWh/m$^2_{WF}$a, diese Zielvorgabe ist somit erreicht worden.

Zur theoretischen Abschätzung des Heizenergiebedarfs müssen die Systemverluste quantifiziert werden. In Anlehnung an DIN 4701 Teil 10 [31] lassen sich die „zusätzlichen" Energiebedarfswerte ermitteln. In Tab. 23 sind die einzelnen Zahlenwerte zur Ermittlung des Heizenergiebedarfs aufgeführt.

In dieser theoretischen Betrachtung wird bereits klar, dass bei derartigen Luftheizungssystemen die Leckageverluste der Zuluftleitungen das Hauptproblem darstellen. Im Demonstrationsvorhaben Friedland wurden die Zuluftleitungen auf die Außenfassade montiert und liegen somit außerhalb des bilanzierten Bereichs. Die Leckagewärmeverluste sind dadurch nicht als „Wärmegewinn" innerhalb der Gebäudehülle bilanzierbar. Die Außenverlegung ist bedingt durch die für das Luftheizungssystem benötigten, im Vergleich zu reinen Lüftungsanlagen

Komponenten	Bedarfswert [kWh/m²$_{WF}$a]
Jahres-Heizwärmebedarf gemäß Energiediagnose bei mittlerer Gradtagszahl (Gt) von 3500 Kd	35,2
Jahres-Heizwärmebedarf am Standort Friedland mit Gt = 4251 Kd	46,7
Spezifische Verluste für das Heizwassersystem zwischen Kessel und Nachheizregister der Luftheizung (Verteilung und Wärmeübergabe)	2,4
Spezifische Wärmeverluste der Luftleitungen außerhalb des beheizten Bereichs: – Transmission Zuluftleitungen – Leckageverluste Zuluftleitungen – Leckageverluste Abluftleitungen	10,7 26,8 0,9
Anteil Umwandlungsverluste (20 %)	17,5
→ spez. Heizenergiebedarf q$_H$	105,0

Tab. 23: Spezifische Wärmeverlustkennwerte der Luftheizung (solarer Eintrag über Luftkollektoren nicht enthalten)

sehr großen Kanalquerschnitte, für die im bestehenden Gebäude kein Platz vorhanden ist. Für die meisten Altbausanierungen, insbesondere im Geschosswohnungsbereich kann angenommen werden, dass eine Verlegung der Zuluftkanäle eines Luftheizungssystems innerhalb des Gebäudes nicht zu realisieren ist.

Die hohen Wärmeverluste durch Leckagen der Luftleitungen sind ein luftheizungsspezifisches Problem, das bei reinen Wohnungslüftungssystemen in der Regel nicht auftritt. Die kleineren Kanalquerschnitte von reinen Wohnungslüftungsanlagen lassen sich eher innerhalb der Bilanzgrenzen integrieren, zudem sind bei reinen Lüftungssystemen niedrigere Volumenströme mit deutlich niedrigeren Temperaturen die Regel.

Eine Reduktion der Leckageverluste ist nicht durch eine verstärkte Dämmung der Kanäle zu erreichen, denn dies würde nur die Transmissionswärmeverluste der Kanäle reduzieren. Die Transmissionswärmeverluste machen im Projekt Friedland nur ca. 28 % der Gesamtleitungsverluste aus.

Die Kanäle an der Außenfassade sind im Projekt Friedland bereits in der Dichtheitsklasse III (hohe Dichtheit) ausgeführt. Eine Verringerung der Leckagemengen durch eine noch bessere Abdichtung der Kanäle ist sehr kostenintensiv und bedarf einer strengen Überwachung der Ausführung.

Auswertung der Messergebnisse

Bei dem sanierten Gebäude sind im Zeitraum Januar 1999 bis Dezember 2001 sowohl die Gasverbräuche als auch die Wärmeverbräuche nach den Gaskesseln gemessen worden. Die Messwerte werden für das Jahr 2001 angegeben, da hierfür

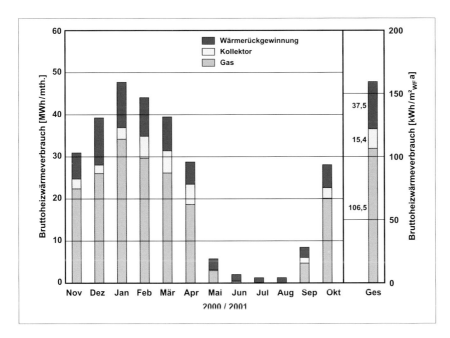

Abb. 57: Aufteilung des Bruttoheizwärmeverbrauchs auf die Anteile WRG, Kollektor und Gas im Zeitraum Nov. 2000 bis Okt. 2001 (klimabereinigte Werte, Jahresverbrauch bezogen auf die beheizte Wohnfläche)

die meisten Messdaten vorliegen. Die mittlere Jahrestemperatur im Jahr 2001 lag etwa 0,8 K höher als das langjährige Mittel, deshalb sind alle Verbrauchswerte in Monaten mit mittleren Außentemperaturen unterhalb einer Heizgrenztemperatur von 15 °C klimabereinigt worden.

Raumheizung

In Abb. 57 ist der monatliche klimabereinigte Bruttoheizwärmeverbrauch des Gebäudes im Zeitraum November 2000 bis Oktober 2001, aufgeschlüsselt auf die einzelnen Komponenten WRG, Kollektor und Gas, dargestellt. Die Messungen zeigen, dass über das Jahr fast ein Drittel des Bruttoheizwärmeverbrauchs für Heizung und Lüftung von den Komponenten WRG und Kollektor abgedeckt werden. Der für eine Betrachtung des Heizenergieverbrauchs relevante elektrische Energieverbrauch der von den Mietern individuell nutzbaren elektrischen Nacherhitzer wird über die Wohnungsstromzähler erfasst und ist nicht dokumentiert. Es kann davon ausgegangen werden, dass (vor allem bei primärenergetischer Betrachtungsweise) ein nicht zu vernachlässigender Teil des Heizenergieverbrauchs durch die in erster Linie für Aufheizprozesse verwendeten Geräte verursacht wird. Ein Problem ergibt sich in diesem Zusammenhang auch beim Nutzerverhalten, denn die elektrische Nacherwärmung wurde vom Mieter im ursprünglichem Umfang nicht akzeptiert und veranlasste den Gebäudeeigentümer, die Zulufttemperatur generell anzuheben.

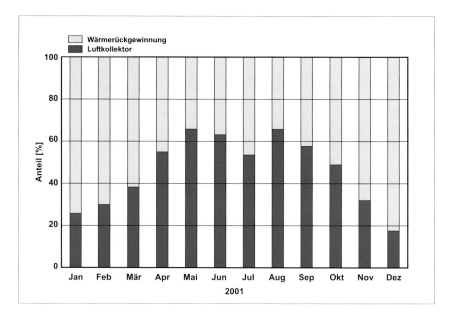

Abb. 58: Anteile von WRG und Luftkollektor an der eingesparten konventionellen Heizenergie für die Luftaufbereitung und WWB

Abb. 58 zeigt die klimabereinigten monatsweisen Anteile von Wärmerückgewinnung und Luftkollektor an der eingesparten konventionellen Heizenergie für die Luftaufbereitung und die Warmwasserbereitung. Im Gegensatz zum Demonstrationsvorhaben Wittenberg, wo eine Vorrangschaltung der WRG diese Komponente ganzjährig dominieren lässt, wird im Vorhaben Friedland die Wärmebereitstellung der Kollektoranlage vorrangig genutzt.

Solare Warmwasserbereitung

In den Sommermonaten wird der Dachkollektor herausgeschaltet und für die Warmwasserbereitung freigegeben, wenn die Leistung des Fassadenkollektors allein ausreicht, um den Wärmebedarf der Lüfterzentrale abzudecken. Die im Dachkollektor erzeugte Wärme wird mittels eines Luft-Wasser-Wärmetauschers einem Pufferspeicher zugeführt, der bei Bedarf über einen Wärmetauscher das Trinkwarmwasser vorwärmt. Der überwiegende Anteil des Wärmebedarfs für die Trinkwarmwasserbereitung wird aus dem Kessel bezogen.

Da das System ähnlich dem des Demonstrationsvorhabens Wittenberg ist, gelten die dazu gemachten Anmerkungen analog. Demnach sind auch hier die systembedingten (Luft-Wasser-Wärmetauscher) äußerst schlechten Wirkungsgrade vorhanden. Wie in Abb. 59 ersichtlich, sind die solaren Beiträge zur Warmwasserbereitung sehr gering, zwischen Mai und September 2001 sind insges. 1424 kWh (bei einem Bedarf von insgesamt 38 700 kWh/a) aus dem solaren Pufferspeicher zur Vorwärmung entnommen worden. Der solare Jahresdeckungsgrad der

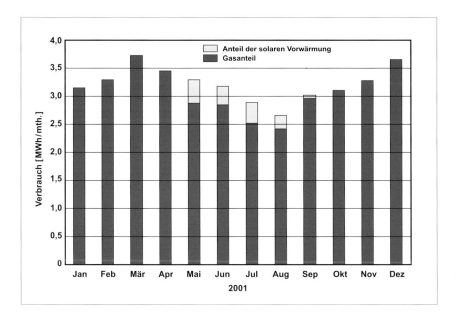

Warmwasserbereitung im Demonstrationsprojekt Friedland beträgt im Jahr 2001 weniger als 4 %.

Die solare Gesamtbilanz des Demonstrationsgebäudes Friedland des Jahres 2001 verdeutlicht Tab. 24.

Wirtschaftlichkeit der solaren Heizungskomponente

Für die im Projekt Friedland eingebauten Solarkollektoren ergeben sich überschlägig Bruttoinvestitionen in Höhe von rd. 50 000 €. Im Zeitraum November 2000 bis Oktober 2001 sind von den Luftkollektoren insgesamt ca. 27 000 kWh Nutzenergie für die Luftvorwärmung geliefert worden. Daraus errechnen sich bei einer angenommenen Annuität von 8,72 % Brutto-Gestehungskosten in Höhe von ca. 0,16 €/kWh Nutzwärme.

Bezeichnung	Lufterwärmung	Warmwasserbereitung
Bruttoheizwärmeverbrauch [kWh/m²$_{WF}$a]	159,4	22,3
davon WRG [kWh/m²$_{WF}$a]	37,5	–
davon solarer Anteil [kWh/m²$_{WF}$a]	15,4	0,8
solarer Deckungsgrad [%]	9,7	3,6
solarer Deckungsgrad unter Berücksichtigung der WRG [%]	12,6	–

6.1.3 Bewertung und Vergleich mit anderen Projekten

Zur besseren Einordnung der Ergebnisse der EnSan-Demonstrationsprojekte werden auch zwei Beispiele aus dem Neubaubereich näher betrachtet.

Ein Beispiel für den optimalen Einsatz direkter solarer Zuluftvorerwärmung ist das im Jahre 1998 neu errichtete Hochregallager der Firma Leister in Sarnen in der Schweiz. Ein unverglaster, gelochter, 1380 m^2 großer Absorber bildet hier die Außenhaut der Südostfassade des Gebäudes. Die Außenluft wird am dunklen Absorberblech erwärmt. Durch den von Ventilatoren im Spalt zwischen Absorber und Fassade erzeugten Unterdruck wird die solar erwärmte Luft dann durch die Perforation angesaugt (18 500 m^3/h). In einem Sammelkanal im Deckenbereich wird die vorgewärmte Luft gefasst und dem Lüftungsgerät zugeführt, wo sie bei Bedarf nacherhitzt werden kann.

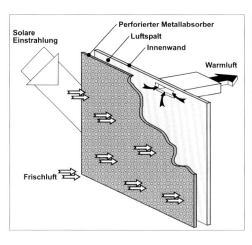
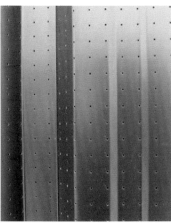

Abb. 60: Schematische Darstellung und Detailansicht eines unverglasten Solar-Luftkollektors (Solarwall) [14]

Die in Abb. 60 dargestellten, unverglasten Solarluftkollektoren bieten lt. [14] den Vorteil relativ niedriger Investitionskosten (50 bis 150 €/m$^2_{KF}$), wobei die Mehrkosten gegenüber einer konventionellen Fassade ca. 25 €/m$^2_{FF}$ betragen. Dafür sind die zu erwartenden solaren Erträge pro Quadratmeter Kollektorfläche geringer als bei andern Systemen. Die Wärmegestehungskosten liegen bei ca. 0,05 bis 0,15 €/kWh [14]. Beim oben genannten Beispiel in Sarnen liefert die Solaranlage nach [32] ca. 85 kWh/m$^2_{KF}$a bei Brutto-Gestehungskosten von ca. 0,03 €/kWh.

Ein weiteres Beispiel für den Einsatz direkter solarer Zuluftvorerwärmung ist die im Jahre 1996 errichtete Wohnanlage der GWG (Gemeinnützigen Wohnstätten- und Siedlungsgesellschaft mbH) München mit 79 öffentlich geförderten Wohnungen [16]. Bei diesem Demonstrationsvorhaben (FKZ 0338928 D) wurden mehrere unterschiedliche solare Energiegewinnsysteme in grundrissgleichen Wohnungen installiert und vermessen.

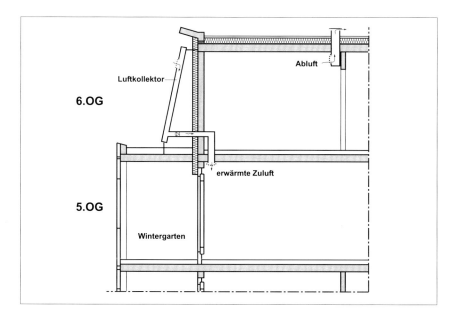

Abb. 61: Schematische Darstellung des im Beispiel GWG München installierten solaren Zuluftsystems [16]

Unter anderem wurde auch eine Wohnung mit einer solaren Zuluftvorwärmung ausgestattet. Ein verglaster 6,6 m^2 großer Luftkollektor erwärmt hier die Zuluft. Das Einblasen der erwärmten Luft erfolgt mittels zweier Ventilatoren, wenn die Lufttemperatur im Kollektor 5 K über der Lufttemperatur im Wohnraum liegt. Damit keine unbehaglich hohen Raumlufttemperaturen entstehen, schaltet die Regelung die Ventilatoren ab, wenn eine bestimmte Raumlufttemperatur (z. B. 25 °C) überschritten wird. Die Abluft kann im Bad über eine Abluftklappe, die auf Druckerhöhung anspricht, abströmen. Während strahlungsloser Zeiten erfolgt die Frischluftzuführung über die Fenster durch konventionelles Lüften. In Abb. 61 ist das Anlagenschema dargestellt.

Laut [16] betrugen die Brutto-Mehrkosten des solaren Systems ca. 8100 €. Es konnten im Messjahr 1997 vom solaren System 955 kWh Heizwärme eingespart werden. Daraus errechnen sich bei einer angenommenen Annuität von 8,72 % Brutto-Gestehungskosten in Höhe von 0,74 €/kWh.

Tab. 25 zeigt die Zusammenfassung der wichtigsten Kennwerte der solaren Zulufterwärmung der betrachteten Beispiele.

Augenscheinlich ist, dass im Vergleich zu den Wohnbauprojekten München und Wittenberg die solare Zuluftvorwärmung in Sarnen – trotz eines eher durchschnittlichen Kollektorertrags – nur einen Bruchteil der Kosten der solaren Nutzwärme aufweist. Dies kann auf mehrere Gründe zurückgeführt werden: Die Mehrkosten für das beim Hochregallager in Sarnen gewählte Luftkollektorsystem sind relativ gering, denn bei der recht einfachen Fassade des Industriehallenneubaus konnte auf ein konstruktiv einfaches System zurückgegriffen werden.

Objekt	Typ	Kollektor-fläche [m^2]	Kollektor-flächen-bezogener Ertrag [kWh/m$^2_{KF}$a]	Gestehungs-kosten [€/kWh]
Wittenberg	Wohngebäude, Altbausanierung	241,5	68	0,53
Friedland	Wohngebäude, Altbausanierung	75,0	360	0,16
München	Wohngebäude, Neubau	6,6	145	0,74
Sarnen, CH	Industriehalle, Neubau	1380,0	85	0,03

Tab. 25: Zusammenfassung der Kennwerte der betrachteten Beispiele

Auch die Kostendegression bei zunehmender Kollektorfläche hat hier sicherlich einen Einfluss auf die Gestehungskosten.

Beim Demonstrationsprojekt Friedland liegt der Grund für die relativ günstigen Gestehungskosten an den im Gegensatz zu Wittenberg und Sarnen deutlich leistungsfähigeren Kollektoren.

Es wird aber auch deutlich, dass der Ertrag in Wittenberg mit ca. 68 kWh/m$^2_{KF}$a im Vergleich zum identischen Kollektortyp in Sarnen eher unterdurchschnittlich ist. Dies ist hauptsächlich auf die in diesem Vorhaben bei der Luftvorwärmung vorrangig genutzte Wärmerückgewinnung zurückzuführen, so dass das Potenzial der Kollektoren nicht ausgeschöpft wird.

Fazit

Der Einsatz von direkter solarer Zuluftvorwärmung über Luftkollektoren ist nur sinnvoll, wenn geeignete Randbedingungen vorhanden sind. So muss die Verlegung der Luftverteilkanäle innerhalb des beheizten Gebäudebereiches realisiert werden können, da ansonsten ein zu großer Anteil des Heizwärmeaufwandes durch Leckageverluste verloren geht. Die Verlegung von Luftleitungen für reine Luftheizungen innerhalb des Gebäudes ist im Bestand allerdings meist nicht möglich. Für die Altbausanierung, vor allem im Wohnungsbereich, ist daher der Einsatz einer direkten solaren Zuluftvorwärmung meist nicht die optimale Lösung. Eine Vorwärmung für eine Wohnungslüftungsanlage kann davon eine Ausnahme sein. Eine zusätzliche Nutzung der Luftkollektoren zur Warmwasserbereitung in den Sommermonaten ist nicht zu empfehlen, da die zu erwartenden solaren Beiträge prinzipbedingt sehr gering ausfallen. Wasserbasierte solare Systeme führen zu deutlich wirtschaftlicheren Ergebnissen.

6.2 Speichergestützte Systeme für die Warmwasserbereitung und Raumheizung

Speichergestützte Systeme zur Warmwasserbereitung und Raumbeheizung – besser bekannt unter der Bezeichnung „Solarthermische Anlagen" – wandeln mit Hilfe von Absorbern bzw. Kollektoren die direkte und diffuse solare Einstrahlung in Wärme um, welche zur Warmwasserbereitung und/oder zur Raumheizung genutzt werden kann.

Solarthermische Anlagen hielten Mitte der 70er Jahre im Zuge der ersten Ölkrise Einzug in den deutschen Markt. Eine signifikante Größe an installierter Fläche ist seit Beginn der 90er Jahre festzustellen. In den vergangenen Jahren sind jährliche Zuwachsquoten von rd. 35 % zu verzeichnen. Laut [33] waren in Deutschland Ende 2001 rund 4,5 Mio. m^2 an Kollektoren und Absorbern installiert. Allein für das Jahr 2001 wird die neuinstallierte Absorber- bzw. Kollektorfläche mit rd. 1 Mio. m^2 [33] bzw. 0,9 Mio. m^2 [34] angegeben.

Nach [35] werden im Wohngebäudebereich rd. 86 % der solarthermischen Anlagen im Ein- und Zweifamilienhausbereich eingesetzt.

Über die Anteile der installierten Flächen im Altbaubereich gibt es zurzeit keine zuverlässigen Angaben.

6.2.1 Funktionsschema

Abb. 62 zeigt das prinzipielle Funktionsschema einer solarthermischen Warmwasserbereitung. Die im Kollektor aus der solaren Einstrahlung gewonnene Wärme wird über einen geschlossenen Kreislauf mittels eines Wasser-Frostschutzmittel-Gemisches zum Trinkwasserspeicher geführt und dort gespeichert.

Der mechanisch betriebene Kreislauf ist temperaturgesteuert, wobei das Überschreiten der maximal zulässigen Brauchwassertemperatur und das Unterschreiten der Ladetemperatur am Kollektor die Stellgrößen sind. Derartig einfache Systeme zur solaren Warmwasserbereitung sind oft im Einfamilienhaussektor anzutreffen.

Im Mehrfamilienhaussektor werden üblicherweise zusätzliche Pufferspeicher verwendet, um eine möglichst gleichmäßige Ausnutzung der solarthermischen Anlage zu erreichen. Weiterhin ist zu beachten, dass der Warmwasserspeicher und die Warmwasserleitungen einmal täglich auf über 60 °C erwärmt werden sollten, um der Legionellenausbildung vorzubeugen. Ist ein separater solarer Pufferspeicher vorhanden, kann darin die solare Wärme auf einem geringeren Temperaturniveau zwischengespeichert werden.

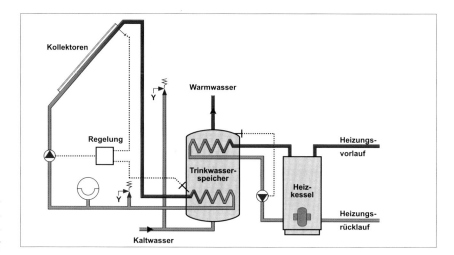

Abb. 62: Funktions-schema der solar-thermischen Warm-wasserbereitung

Abb. 63 zeigt das Funktionsschema einer solarthermischen Warmwasserberei-tung mit solarthermischer Heizungsunterstützung. Obwohl hier nur der Mindest-aufwand an Installationen dargestellt wird, ist die im Vergleich zur Abb. 62 deutlich größere Anlagenkomponentenzahl erkennbar. Ein solarer Pufferspeicher ist hier zwingend notwendig, da die Wärme zur Warmwasserbereitung und zur Heizung durch separate Kreise abgeführt werden muss. Die Einbindung des Solar-kreises in das Heizsystem erfolgt derart, dass – in Abhängigkeit von der Tempe-ratur des solaren Heizungsvorlaufs – der Heizkessel umgangen werden kann oder auch der solare Heizungsvorlauf als Rücklauf in den Heizkessel eingebunden werden kann.

Die Darstellung gemäß Abb. 63 macht deutlich, dass zum fehlerfreien Betrieb ei-nes derartigen Systems ein sehr hoher Aufwand für Regelung erforderlich ist. Auch gestaltet sich die hydraulische Einregulierung relativ schwierig. Die große Anzahl an Anlagenkomponenten erhöht selbstverständlich auch die Systemver-luste. Darüber hinaus ergibt sich ein höherer Aufwand an elektrischer Energie zum Betrieb der Pumpen.

Anzumerken ist, dass in der Praxis auch noch weitaus komplexere Systeme anzutreffen sind.

6.2.2 Speichergestützte Systeme für die Warmwasserbereitung und Raumheizung im Gebäudebestand

Beim Einsatz bzw. der Neuinstallation von speichergestützten Systemen in Alt-bauten besteht die Herausforderung in der Einbindung dieser Komponenten in das bestehende Wärmebereitungssystem. Zudem ergibt sich zusätzlicher Raum-

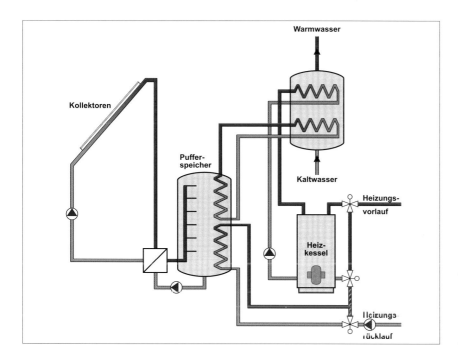

Warmwasser

Kollektoren

Puffer-
speicher

Kaltwasser

Heizungs-
vorlauf

Heiz-
kessel

Heizungs
rücklauf

*Abb. 63: Funktions-
schema einer solar-
thermischen Warm-
wasserbereitung mit
Heizungsunterstüt-
zung*

bedarf für die Aufstellung von Pufferspeichern und für die Komponenten, die zur Einbindung in das bestehende System erforderlich sind. Selbst ein einfaches System, entsprechend Abb. 62, ist nicht ohne weiteres in ein bestehendes Warmwasserbereitungssystem einzubinden. Beispielsweise müssen ebenfalls neue Warmwasserspeicher installiert werden, da die bestehenden Speicher i. d. R. für eine Erweiterung um einen weiteren Wärmetauscher nicht konzipiert sind. Auch das Verlegen zusätzlicher Installationsleitungen von den Kollektoren auf dem Dach zur Heizungszentrale im Keller ist nicht unproblematisch, da nicht immer Installationsschächte vorhanden oder frei zugänglich sind.

Erfolgt die Installation der solarthermischen Anlage in Verbindung mit dem Umbau der Beheizungs- und Warmwasserversorgung – beispielsweise die Umstellung von einem dezentralen System auf ein zentrales – können in diesem Fall, vor allem hinsichtlich des Arbeitsaufwands, erhebliche Synergieeffekte erzielt werden. Der Einsatz einer solaren Heizungsunterstützung ist nur bei niedrigen Vor- und Rücklauftemperaturen des Beheizungssystems sinnvoll. Daher sollte für den Gebäudebestand eine neue solare Heizungsunterstützung nur in Verbindung mit einer wärmetechnischen Verbesserung der Gebäudehülle vorgenommen werden.

Die energetische Verbesserung der Gebäudehülle hat allerdings auch zur Folge, dass die zeitliche Diskrepanz zwischen Bedarf an Heizwärme und hoher solarer Einstrahlung noch weiter verschärft wird.

Einsatz speichergestützter Systeme im Vorhaben Emrichstraße

Wie in Ziffer 3.3 beschrieben, sind in diesem Projekt drei baugleiche Gebäude auf unterschiedliche wärmetechnische Standards saniert worden:

- Wärmetechnische Verbesserung der Gebäudehülle durch Dämmung der Gebäudehülle und Austausch der Fenster. Dieses Gebäude wird bei der nachfolgenden Analyse als „Referenzgebäude" bezeichnet.
- Gebäude mit Einsatz von solarwirksamen Komponenten mit Augenmerk auf „wirtschaftliche Optimierung". Dieses Gebäude wird nachfolgend als „Gebäude sol ‚wirt'" bezeichnet.
- Gebäude mit Einsatz von solarwirksamen Komponenten mit Augenmerk auf „maximalen solaren Energiegewinn". Dieses Gebäude wird nachfolgend als „Gebäude sol ‚max'" bezeichnet.

Dementsprechend sind auch beim Einsatz von speichergestützten Solarsystemen drei Varianten umgesetzt worden:

Referenzgebäude

Ausgehend von dem Zustand vor der Sanierung – in allen drei Gebäuden erfolgte die Warmwasserbereitung dezentral mittels Gasdurchlauferhitzern, die Heizwärmeversorgung zentral mittels Fernwärme – sind im Referenzgebäude die zentrale Heizwärmebereitung mit Fernwärme beibehalten und die Warmwasserbereitung auf zentralen Betrieb umgerüstet worden. Somit kann dieses Gebäude auch bei der Bewertung des Einsatzes der solarthermischen Systeme als Referenz herangezogen werden.

Referenzgebäude	
Vor der Sanierung	Dezentrale Warmwasserbereitung mittels Gasdurchlauferhitzerzentrale. Heizwärmebereitung mittels Fernwärme.
Nach der Sanierung	Neue zentrale Warmwasserbereitung mittels Fernwärme. Beibehalten der zentralen Heizwärmebereitung mittels Fernwärme.

Tab. 26: Eingesetzte Heizwärme- und Warmwasserbereitungssysteme im Referenzgebäude

Gebäude sol ‚wirt'

Zusätzlich zu den oben genannten Maßnahmen ist im Gebäude sol ‚wirt' neben dem Einsatz von transparenter Wärmedämmung eine solarthermische Anlage zur Warmwasserbereitung installiert worden. Die Größe der Flachkollektoranlage ist mit 44 m^2 (Kollektorfläche) derart dimensioniert worden, dass hiermit rund 44 % der Energie für die Warmwasserbereitung bereitgestellt werden sollten. Die Wohnfläche des Gebäudes beträgt etwa 1937 m^2. Wird die „übliche" Personenbelegung von rd. 30 m^2/Pers. angesetzt, ergibt sich eine personen-

Gebäude sol ‚wirt‘	
Vor der Sanierung	Dezentrale Warmwasserbereitung mittels Gasdurchlauferhitzer-zentrale. Heizwärmebereitung mittels Fernwärme.
Nach der Sanierung	Neue zentrale Warmwasserbereitung – Solarthermische Anlage – Fernwärme. Beibehalten der zentralen Heizwärmebereitung mittels Fernwärme.

Tab. 27: Eingesetzte Warmwasserberei-tungs- und Heizwär-mesysteme im Ge-bäude sol ‚wirt‘

spezifische Kollektorfläche von ca. 0,68 m²$_{KF}$/Pers. Hinsichtlich der Zielvorgabe des solaren Deckungsgrades von 44 % erscheint dieser Kennwert vergleichs-weise gering, da in der Regel von einer personenspezifischen Kollektorfläche von 1 bis 1,5 m²$_{KF}$ je Person ausgegangen wird. Gleichwohl ist hierzu anzumerken, dass laut [8] die erforderliche Kollektorfläche mittels eines dynamischen Simu-lationsprogramms ermittelt wurde.

Abb. 64 zeigt die Einbindung der solarthermischen Komponenten in die Warm-wasserbereitung des Gebäudes sol ‚wirt‘. Die 44 m² große Flachkollektorfläche speist in drei Pufferspeicher mit einem Gesamtvolumen von 2250 l ein. Die Ein-bindung in die Warmwasserbereitung erfolgt hier über einen Vorwärmspeicher, so dass die solarthermische Anlage auch bei Temperaturen unterhalb der Soll-Warmwassertemperatur genutzt werden kann. Ein Nachteil hierbei ist die Zunahme der Komplexität der Anlage, die zu einem erhöhten Aufwand für die Regelung führt. Zudem erhöhen sich mit dem Anstieg der Zahl der Systemkom-ponenten auch die Systemverluste.

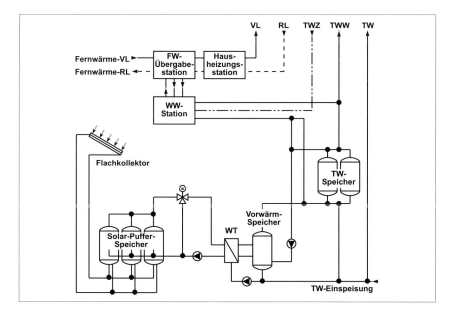

Abb. 64: Hydrau-lische Einbindung der solarthermi-schen Anlage in die Warmwasserberei-tung beim Gebäude ‚sol wirt‘

Gebäude sol ‚max‘

Entsprechend dem Konzept des „maximalen solaren Gewinns" sind im Zuge der Sanierung des Gebäudes Vakuumröhren-Kollektoren installiert worden. Die rund 40 m² umfassende Anlage sollte sowohl für die Warmwasserbereitung als auch zur Heizungsunterstützung herangezogen werden. Zielvorgabe war, dass 50 % der Energie für die Warmwasserbereitung und 5 % des Heizwärmebedarfs abgedeckt werden.

Gebäude sol ‚max‘	
Vor der Sanierung	Dezentrale Warmwasserbereitung mittels Gasdurchlauferhitzerzentrale. Zentrale Heizwärmebereitung mittels Fernwärme.
Nach der Sanierung	Neue zentrale Warmwasserbereitung – Solarthermische Anlage – Fernwärme. Zentrale Heizwärmebereitung – Solarthermische Anlage – Fernwärme.

Tab. 28: Eingesetzte Warmwasserbereitungs- und Heizwärmesysteme im Gebäude sol ‚max‘

Abb. 65 zeigt die Einbindung der solarthermischen Komponenten in die Warmwasserbereitung beim Gebäude sol ‚max‘. Die Regelung der Anlage sieht vor, dass die solare Warmwasserbereitung Priorität besitzt, nur die „überschüssige Wärme" wird dem Heizkreis zugeführt.

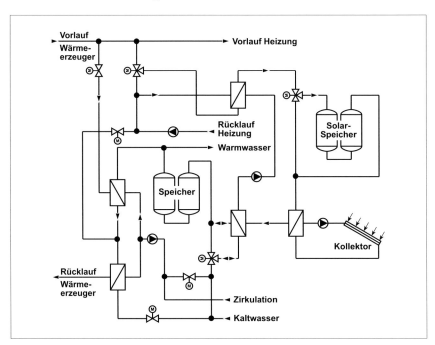

Abb. 65: Hydraulische Einbindung der solarthermischen Anlage in die Trinkwarmwasserbereitung beim Gebäude sol ‚max‘

Auswertung der Messwerte

Die nachfolgende Auswertung beruht auf der Messperiode von Oktober 2000 bis September 2001. Die in diesem Zeitraum gemessene spezifische solare Einstrahlung auf die Kollektoranlagen (Neigung der Flachkollektoren 45° nach Süden; Neigung der Vakuumröhrenkollektoren 50° nach Süden) betrug rund 1050 kWh/m^2_{KF}a. Der Vergleich mit den entsprechenden Werten der durchschnittlichen solaren Einstrahlung der DIN 4108-6 [17] zeigt, dass das Jahr 2000 ein um etwa 7% unterdurchschnittliches „Sonnenjahr" gewesen ist (siehe Tab. 29). Hinsichtlich der Verallgemeinerung der Ergebnisse sind daher die nachfolgend aufgeführten „Messwerte" bereits mit dem Faktor 1,07 korrigiert.

Bezeichnung	Spezifische jährliche solare Einstrahlung $[kWh/m^2_{KF}a]$
Gemessen Okt. 2000 bis Sept. 2001	1050
DIN 4108-6, Referenzregion 4/Süd/Neigung 45°	1120

Tab. 29: Gemessene jährliche solare Einstrahlung im Vergleich mit den Durchschnittswerten der DIN 4108-6

Nettowärmebedarf der Warmwasserbereitung

Der jährliche wohnflächenspezifische Nettowärmebedarf für die Warmwasserbereitung, der sich aus dem messtechnischen Warmwasserverbrauch ergibt (der Nettowärmebedarf errechnet sich aus der gezapften Warmwassermenge multipliziert mit der spezifischen Wärmespeicherfähigkeit von Wasser und der jeweiligen Temperaturerhöhung – hier 45 K), betrug nach der Sanierung in den drei untersuchten Gebäuden zwischen 16,4 kWh/m^2_{WF}a und 19,5 kWh/m^2_{WF}a. Diese Werte sind im Vergleich zu den Randbedingungen der DIN V 4701 Teil 10 [31] (12,5 kWh/m^2_{AN}a bzw. – auf die Wohnfläche bezogen – 14,7 kWh/m^2_{WF}a) relativ hoch. Wird der gemessene Warmwasserverbrauch mit den Angaben der IKARUS-Technikdatenbank [35] für „große Gebäude" verglichen, ergeben sich sehr gute Übereinstimmungen.

Bezeichnung	Referenz-gebäude	Gebäude sol ‚wirt'	Gebäude sol ‚max'
Verbrauch an Warmwasser [m³/a]	748	631	753
spez. Nettowärmebedarf für die WW-Bereitung [kWh/m²$_{WF}$a]	19,5	16,4	19,4
spez. Nettowärmebedarf für die WW-Bereitung entsprechend der DIN V 4701-10 [kWh/m²$_{WF}$a]	14,7		
spez. Nettowärmebedarf für die Warmwasserbereitung nach IKARUS; Typgebäude „große Gebäude" nach [35]	19,2		

Tab. 30: Nettowärmebedarf der Warmwasserbereitung

Bei der Auslegung der solarthermischen Anlagen ist der tägliche Warmwasserverbrauch auf rd. 2,4 m^3 je Gebäude bzw. rd. 36 l/Person angesetzt worden. Dies entspricht einem wohnflächenspezifischen Nettowärmebedarf von 22,7 kWh/ m$^2_{WF}$a. Die Sanierung der Gebäude erfolgte im bewohnten Zustand. Somit kann angesetzt werden, dass die Entnahmemenge an Warmwasser in etwa unverändert geblieben ist. Einschränkend ist jedoch zu berücksichtigen, dass mit einer bei diesem Vorhaben ebenfalls erfolgten Komfortverbesserung der Sanitärinstallation in der Regel der Warmwasserbedarf steigt.

Energieverbrauch für Warmwasserbereitung

Obwohl vor der Sanierung ein dezentrales System eingesetzt wurde, ist der Energieverbrauch im nicht sanierten Zustand des Gebäudes mit rund 29 kWh/ m$^2_{WF}$a höher als nach der Sanierung (23,8 bis 26,2 kWh/m$^2_{WF}$a). Der Nutzungsgrad des ursprünglichen dezentralen Systems ergibt sich zu nur 63 %, falls man ansetzt, dass die entnommene Warmwassermenge unverändert geblieben ist. Somit wird der sehr schlechte Zustand der Durchlauferhitzer vor der Sanierung deutlich. Wird darüber hinaus berücksichtigt, dass die Warmwasserentnahmemenge vor der Sanierung möglicherweise geringer war als die gemessene Menge nach der Sanierung, muss von einem noch geringeren Nutzungsgrad des dezentralen Systems ausgegangen werden.

Bezeichnung	Referenz-gebäude	Gebäude sol ‚wirt'	Gebäude sol ‚max'
Spez. Nettowärmebedarf für WW-Bereitung nach der Sanierung	19,5	16,4	19,4
Energieverbrauch für WW-Bereitung vor der Sanierung		29	
Gesamt-Energieverbrauch für WW-Bereitung nach der Sanierung	23,8	26,2	25,8
Energieverbrauch für WW-Bereitung nach der Sanierung (Fernwärme)	23,8	18,7	21,3
Energieverbrauch für WW-Bereitung nach der Sanierung (Solarthermischer Beitrag)	–	7,5	4,5
Systemverluste nach der Sanierung	4,3	9,8	6,4

Tab. 31: Energieverbräuche für die WW-Bereitung

(alle Zahlenwerte in kWh/m$^2_{WF}$a, bezogen auf die beheizte Wohnfläche)

Die in Tab. 31 aufgeführten Gesamtenergieverbräuche der drei Gebäude zeigen weiterhin, dass beim Einsatz von einer zusätzlichen Technik zur solaren Warm-

Bezeichnung	Gebäude sol ,wirt'	Gebäude sol ,max'
Gesamter Energieverbrauch für WW-Bereitung nach der Sanierung [kWh/m²_WF a]	26,2	25,8
Solarthermischer Beitrag für WW-Bereitung nach der Sanierung [kWh/m²_WF a]	7,5	4,5
Erreichter solarer Deckungsgrad [%]	29	17,4
Erwarteter solarer Deckungsgrad [%]	44	50

Tab. 32: Gemessener und erwarteter solarer Deckungsgrad WW-Bereitung

wasserbereitung der Gesamtenergieverbrauch inklusive dem solar gedeckten Anteil steigt; ein Teil der solarthermischen Energie wird somit zur Deckung der zusätzlichen Verluste benötigt.

Dies wird vom allem beim Vergleich der Ergebnisse des Referenzgebäudes mit den Ergebnissen des Gebäudes sol ,wirt' deutlich: Während für das Referenzgebäude Systemverluste von nur 4,3 kWh/m²$_{WF}$a ermittelt wurden, betragen diese für das Gebäude sol ,wirt' 9,8 kWh/m²$_{WF}$a.

Bezeichnung	Gebäude sol ,max'
Gesamter Energieverbrauch für Raumheizung nach der Sanierung [kWh/m²_WF a]	75,2
Solarthermischer Beitrag für Raumheizung nach der Sanierung [kWh/m²_WF a]	4,1
Erreichter solarer Deckungsgrad [%]	5,4
Erwarteter solarer Deckungsgrad [%]	5

Tab. 33: Gemessener und erwarteter solarer Deckungsgrad Raumheizung

Die Zielvorgabe des solaren Deckungsgrades bei der Warmwasserbereitung von 44 % (Gebäude sol ,wirt') bzw. von 50 % (Gebäude sol ,max') ist in beiden Fällen nicht erreicht worden. Vor allem das Ergebnis bei der Vakuumröhrenanlage bleibt deutlich hinter den Erwartungen zurück. Wird darüber hinaus noch berücksichtigt, dass in der Konzeptionsphase ein weit höherer Warmwasserbedarf angesetzt wurde, ist das Ergebnis noch kritischer zu sehen.

Die Zielvorgabe des solarthermischen Beitrags zur Heizungsunterstützung ist hingegen erreicht worden. Offensichtlich ist beim Gebäude sol ,max' die Regelung derart eingestellt, dass die Heizungsunterstützung den Vorrang hat.

Effizienz der eingesetzten solarthermischen Anlagen

Der auf die Kollektorfläche bezogene solare Ertrag der solarthermischen Anlagen lag bei 331 kWh/m²$_{KF}$a für die Flachkollektoranlage bzw. 413 kWh/m²$_{KF}$a für die Vakuumröhrenanlage, siehe auch Abb. 66. Obwohl im Gebäude sol ,wirt'

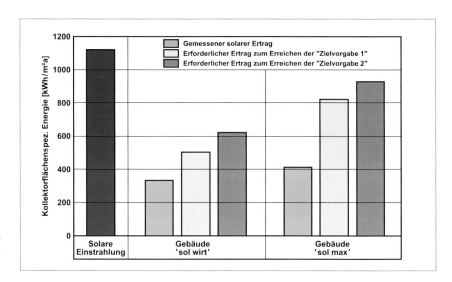

wie auch im Gebäude sol ‚max' der erwartete solare Deckungsgrad bei der Warmwasserbereitung bei weitem nicht erreicht worden ist, liegen die gemessenen Ergebnisse hinsichtlich des solaren Ertrages im üblichen Bereich von anderen installierten und vermessenen Anlagen.

Weiterhin wird in Abb. 66 gezeigt, wie hoch die auf die Kollektorfläche bezogenen solaren Erträge sein müssten, um die Zielvorgaben entsprechend der Auslegungsrechung zu erreichen:

■ Zielvorgabe 1:

Die solarthermischen Anlagen decken 44 % (sol ‚wirt') bzw. 50 % (sol ‚max') der messtechnisch erfassten Energie zur Warmwasserbereitung sowie bei Gebäude sol ‚max' 5 % der Heizenergie.

■ Zielvorgabe 2:

Die solarthermischen Anlagen decken 44 % (sol ‚wirt') bzw. 50 % (sol ‚max') des bei der Auslegung angesetzten Warmwasserbedarfs sowie bei Gebäude sol ‚max' 5 % der Heizenergie.

Zum Erreichen der „Zielvorgabe 1" hätte das System mit der Flachkollektoranlage 502 kWh/m$^2_{KF}$a liefern müssen, was im Vergleich zu ausgeführten Systemen bereits sehr hoch ist. Der für die „Zielvorgabe 1" erforderliche spezifische solare Ertrag der Vakuumröhrenkollektoranlage läge mit 823 kWh/m$^2_{KF}$a jenseits der in Deutschland bekannten solarthermischen Erträge.

Die Ambivalenz zwischen angesetzten und gemessenen solaren Erträgen wird bei der Betrachtung der „Zielvorgabe 2" deutlich. In diesem Falle hätte sich ein solarer Ertrag von 620 kWh/m$^2_{KF}$a für die Flachkollektoranlage bzw. 928 kWh/ m$^2_{KF}$a für die Vakuumröhrenkollektoranlage einstellen müssen.

Die hier untersuchten Anlagen scheinen deutlich unterdimensioniert zu sein, was auch aus der personenspezifischen Kollektorfläche (Flachkollektoranlage rd. 0,68 m^2_{KF}/Pers.) deutlich wird. Die Ergebnisse lassen den Schluss zu, dass in diesen Projekt bei der Prognose der solaren Erträge Standardaussagen eingesetzt wurden. Dies verwundert, da die Dimensionierung der Anlagen mit einem Simulationsprogramm erfolgt sein soll.

Wirtschaftlichkeit

Zur ökonomischen Bewertung der solarthermischen Anlagen werden die „Kosten der solaren Nutzwärme" gemäß Ziffer 2 ermittelt. Zur Bestimmung der Annuität wird eine Laufzeit von 20 Jahren und ein jährlicher Zinssatz von 6% angesetzt, so dass sich eine jährliche Annuität von 8,72% ergibt.
Die Investitionen für die solarthermischen Anlagen inklusive Pufferspeicher und Einbindung in das Heizungs- und Warmwasserbereitungssystem belaufen sich in diesem Projekt auf

1037 €/m^2_{KF} für die Flachkollektoranlage bzw.
1588 €/m^2_{KF} für die Vakuumröhrenkollektoranlage.

Werden diese Angaben auf die zuvor aufgeführten jährlichen solaren Erträge von

331 kWh/m^2_{KF}a bzw.
413 kWh/m^2_{KF}a

bezogen, ergeben sich hier Kosten für die solare Nutzwärme von
- 0,27 €/kWh bei der Flachkollektoranlage bzw.
- 0,33 €/kWh für die Vakuumröhrenkollektoranlage.

Der höhere solarthermische Ertrag der Vakuumröhrenkollektoranlage wiegt im Vergleich zu der Flachkollektoranlage die höheren Investitionen nicht auf.

6.2.3 Bewertung und Vergleich mit anderen Projekten

Zur Einordnung der Ergebnisse des Projektes „Emrichstraße" werden diese mit den Ergebnissen des Teilprogramms 2 des Fördervorhabens „Solarthermie2000" [30] und einer Recherche der derzeit angebotenen solarthermischen Anlagen verglichen.

Projekt „Solarthermie2000", Teilprojekt 2

Das Teilprogramm 2 des Fördervorhabens „Solarthermie2000" befasst sich mit der Errichtung und messtechnischen Begleitung von bis zu 100 großen Solaranlagen mit einer Kollektorfläche >100 m^2. Derzeit liegen erste Ergebnisse hinsichtlich Kosten für solare Nutzwärme für 18 Projekte vor [30]. Darüber hinaus sind in [5] 10 Projekte näher analysiert worden.

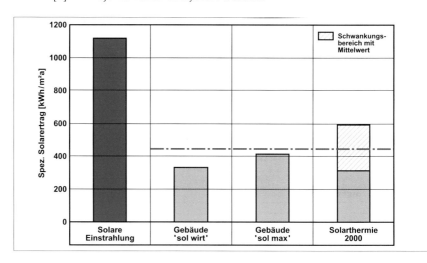

Abb. 67: Vergleich des solaren Ertrags mit dem Programm „Solarthermie2000"

Der in Abb. 67 dargestellte Vergleich des gemessenen solaren Ertrags des Projektes „Emrichstraße" mit den vorliegenden Messergebnissen der „Solarthermie2000" Projekte zeigt, dass die gemessenen solaren Erträge der hier betrachteten solarthermischen Anlagen innerhalb der Bandbreite der Ergebnisse der Vorhabens „Solarthermie2000" liegen. Allerdings sind sie geringer als der Mittelwert. Selbst die vermeintlich hocheffektive Vakuumröhrenanlage des Gebäudes sol ‚max' liegt noch unterhalb des Mittelwerts.

Als mögliche Ursache für den vergleichsmäßig geringen Solarertrag wird in [8] eine schlechte Qualität bei der Montage der Anlagen genannt.

Darüber hinaus ist zu beachten, dass bei den „Solarthermie2000"-Projekten der solare Deckungsanteil am Energieverbrauch für die Warmwasserbereitung nur zwischen 15 und 32 % lag. Dementsprechend ergibt sich bei derart niedrigen solaren Deckungsgraden nahezu kein solarer Überschuss und fast die gesamte solare Energie kann auch genutzt werden.

Marktanalyse solarthermische Kleinanlagen

Es sind 16 auf dem Markt befindliche solarthermische Systeme zur Warmwasserbereitung in einem Einfamilienhaus hinsichtlich der energetischen und ökonomischen Effizienz analysiert worden. Die für die Analyse herangezogenen Angaben zur Kollektorgröße, zum Wärmebedarf für die WW-Bereitung und des solarthermischen Deckungsgrades sind [36] entnommen.

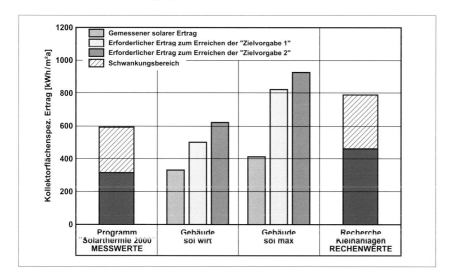

Abb. 68: Vergleich von gemessenen und gerechneten Erträgen

Abb. 68 vergleicht die gemessenen solaren Erträge des Projektes „Emrichstraße" und des Programms „Solarthermie2000" mit angesetzten bzw. berechneten Erträgen, die sich aus der Auswertung der Daten für solarthermische Kleinanlagen ergeben. Zudem sind in Abb. 68 die – rechnerisch ermittelten – erforderlichen Erträge zum Erreichen der zuvor beschriebenen „Zielvorgaben 1" und „Zielvorgaben 2" aufgeführt.

Aus dieser Darstellung wird deutlich, dass die in der Konzeptionsphase des Projektes getroffenen Prognosen zum möglichen Anteil der Solarthermie an der Energieversorgung auch im Vergleich zu den „Solarthermie2000" Projekten als zu optimistisch angesetzt worden sind.

Weiterhin ist zu erkennen, dass sich auch aus den Ansätzen der solarthermischen Kleinanlagen mit 462 bis 791 kWh/m$^2_{KF}$a zu hohe spezifische solare Erträge ergeben. Offenbar wird auch hier bei der Dimensionierung allzu optimistisch gerechnet. In diesem Zusammenhang ist anzumerken, dass i.d.R. keine messtechnische Überprüfung der solaren Erträge erfolgt, so dass der tatsächliche Ertrag meist nicht festgestellt werden kann.

Abb. 69 zeigt die Kosten der solaren Nutzwärme des Projektes „Emrichstraße" im Vergleich zu den Ergebnissen des Vorhabens „Solarthermie2000" und der Marktanalyse der solarthermischen Kleinanlagen. Hierbei ist einschränkend zu sagen, dass im letzteren Fall beim solaren Ertrag Rechenwerte herangezogen worden sind.

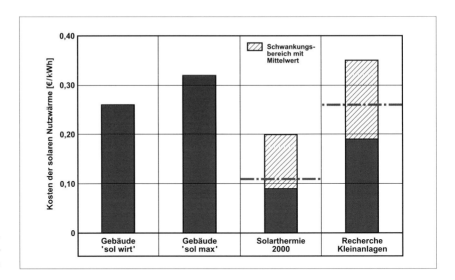

Abb. 69: Vergleich der Kosten der solaren Nutzwärme

Bezeichnung	Spez. Investitionen für das Gesamtsystem [€/m²$_{KF}$]	Investitionen für die Kollektoren [€/m²$_{KF}$]	Anteil der Kollektoren an den Gesamt- investitionen [%]
Gebäude sol ‚wirt'; Flachkollektoranlage	1037	523	50
Gebäude sol ‚max'; Vakuumröhrenkollektoranlage	1588	891	56
Projekte in „Solarthermie2000"	546	194	36
Marktanalyse solarthermische Kleinanlagen	1525	k. A.	k. A.

Tab. 34: Energie- bedarf für die Trink- wasserbereitung

Augenscheinlich ist, dass im Vorhaben „Solarthermie2000" die durchschnittlichen Kosten der solaren Nutzwärme mit 0,11 €/kWh deutlich geringer sind als die im Projekt „Emrichstraße" (0,27 €/kWh bzw. 0,33 €/kWh). Ebenso weist das Vorhaben „Solarthermie2000" geringere Kosten auf als die solarthermischen Kleinanlagen (0,27 €/kWh). Im letzten Fall ist dieses Ergebnis überraschend, da die spezifischen solaren Erträge der Kleinanlagen, wie zuvor erwähnt, sehr hoch angesetzt waren.

Die Hauptursache für dieses Ergebnis liegt an den großen Unterschieden bei den Investitionen für das jeweilige solarthermische System, siehe auch Tab. 34. Die durchschnittlichen auf die Kollektorfläche bezogenen Systeminvestitionen im Teilprogramm 2 des „Solarthermie2000"-Vorhabens belaufen sich nach [36] auf nur rd. 546 €/m²$_{KF}$ und liegen damit bei 52 % bzw. 34 % der Investitionen für die

Systeme im Projekt „Emrichstraße". Auch wenn die jeweiligen installierten Kollektorflächen im Vorhaben „Solarthermie2000" deutlich größer sind als im Projekt „Emrichstraße"(die durchschnittliche Größe der Kollektorfläche betrug in den Projekten des Vorhabens „Solarthermie2000" rd. 200 m^2; im Projekt „Emrichstraße" umfassen die Kollektorflächen 44 bzw. 40 m^2), ist dies nicht allein mit der Kostendegression bei zunchmender Kollektorfläche zu erklären.

Dies wird auch aus dem Vergleich der Investitionen des Projektes „Emrich-straße" mit den derzeitigen Angeboten für Kleinanlagen deutlich. Obwohl die untersuchten Kleinanlagen nur vergleichbar geringe Kollektorflächen (3,2 bis 5,7 m^2) enthalten, ist ein vergleichbarer Anstieg der spezifischen Investitionen nicht erkennbar.

7 Gegenüberstellung von Energiegewinnen, Kosten und Wirtschaftlichkeit aller untersuchten Systeme

Sowohl bei der Sanierung bestehender Gebäude als auch beim Bau von neuen Gebäuden ist die Reduzierung des Primärenergieverbrauchs für Heizung, Lüftung und Brauchwassererwärmung von zentraler Bedeutung. Maßnahmen wie

- kompakte Bauweise
- exzellente Dämmung der Hüllflächenbauteile
- Vermeidung von auskragenden Bauteilen
- Minimierung der Wärmebrücken
- luftdichte Bauweise zur Vermeidung hoher Infiltrationsraten
- effiziente Anlagentechnik
- Wärmerückgewinnung mit hoher Rückwärmezahl

haben sich bisher in wirtschaftlicher und technischer Hinsicht bewährt. Neben diesen energiesparenden Maßnahmen, die stets zu beachten sind, wurden in der Vergangenheit unterschiedliche Strategien im Rahmen von Demonstrationsvorhaben untersucht, um Sonnenergie zur Substitution von Heizenergie zu nutzen. Demonstrationsvorhaben mit einem begleitenden Messprogramm haben gegenüber Simulationen den Vorteil, dass die Ergebnisse unter realen Nutzerbedingungen erzielt werden. Eine Überschätzung der Energieeinsparraten wird auf diese Weise vermieden.

Die in Ziffer 4 bis Ziffer 6 beschriebenen und dargestellten unterschiedlichen Maßnahmen wie

- thermische Fensterqualität
- Veränderung der Fenstergröße
- Atrium
- Wintergarten
- transparente Wärmedämmung (TWD)
- hybrid-transparente Wärmedämmung (HTWD)
- Bauteilaktivierung durch Luft/Wasser
- direkte Zulufterwärmung mittels Kollektoren
- speichergestützte Systeme für Warmwasserbereitung und Raumheizung

werden gegenübergestellt, um zu zeigen, in welchen Schwankungsbereichen sich die Energiegewinne bewegen. Neben den Gewinnen sind auch die Investitionskosten der Maßnahmen von Bedeutung. Effektiv sind Komponenten, die wenig kosten und gleichzeitig eine hohe Energieeinsparung aufweisen. Durch die Darstellung der Gestehungskosten können die Maßnahmen auch hinsichtlich ihrer Wirtschaftlichkeit miteinander verglichen werden.

7.1 Energiegewinne

Die in Tab. 35 zusammengestellten Energiegewinne beziehen sich einmal auf die Fläche des betrachteten Bauteils und einmal auf die beheizte Wohnfläche der Wohnung, in die das Bauteil eingebaut ist. Da solare Energiegewinne zur Reduzierung der Verluste beitragen, werden die Begriffe Energiegewinn und Verlustreduzierung im Folgenden häufig nebeneinander benutzt.

Thermische Verbesserung der Fensterqualität wurde nur in einem Vorhaben untersucht. Die Reduzierung des U-Wertes von 1,4 kWh/m^{2}K auf 1,3 kWh/m^{2}K ergibt bauteilflächenspezifisch eine Einsparung von 0,30 kWh/m^{2}a (wohnflächenspezifisch: 0,04 kWh/m^{2}a). Es ist zu beachten, dass sich der g-Wert dabei von 0,60 auf 0,50 verschlechterte und dies eine Reduzierung der Solargewinne bewirkt hat.

Eine Fenstervergrößerung auf der Südseite eines Gebäudes führt bei den heute eingesetzten Verglasungen zu bauteilflächenspezifischen Energiegewinnen zwischen 35 und 41 kWh/m^{2}a (wohnflächenspezifisch: 4 bis 9 kWh/m^{2}a).

Der Einfluss eines Atriums auf den Heizenergieverbrauch der angrenzenden Räume konnte nur an einer Schule untersucht werden. Bezogen auf die Atriumdachfläche liegt die Einsparung bei 450 kWh/m^{2}a. Umgerechnet auf die beheizte Fläche der angrenzenden Räume ergibt dies 48 kWh/m^{2}a.

Die betrachteten Wintergärten führten zu Einsparungen zwischen 12 und 67 kWh/m^{2}a. Die Werte beziehen sich auf die verglaste Hüllfläche des Wintergartens. Bezogen auf die Wohnfläche der zugehörigen Wohnung ergeben sich Einsparungen zwischen 2 und 21 kWh/m^{2}a.

Insgesamt konnten neun durchgeführte Vorhaben mit transparenter Dämmung (TWD) bewertet werden. Die bauteilbezogene Energieeinsparung gegenüber der jeweils vorhandenen opaken Wandfläche bewegt sich zwischen 13 und 73 kWh/m^{2}a. Die wohnflächenspezifischen Einsparungen weisen mit 1 bis 21 kWh/m^{2}a etwa die gleiche Schwankungsbreite auf wie die Wintergärten.

Hybrid-transparente Dämmung (HTWD) wurde bisher nur in Holzkirchen als Pilotprojekt an einem Versuchsstand, also nicht unter realen Nutzerbedingungen, untersucht. Die dort erzielten Ergebnisse liegen mit einem bauteilspezifischen Energiegewinn von 248 kWh/m^{2}a um ein Mehrfaches über den Gewinnen der konventionellen transparenten Dämmung. Die hohen Gewinne ergeben sich durch die Nutzung auch während der Sommermonate für die Brauchwassererwärmung. Die Angabe eines Wohnflächenbezuges ist nicht möglich, da es sich um ein Versuchsgebäude handelt.

Systeme, die die Einspeicherung von Sonnenenergie in Bauteile zur Reduzierung des Heizwärmeverbrauchs ermöglichen, werden als Hybridsysteme bezeichnet. Der Energietransport vom Kollektor zum Speicher erfolgt mit Luft oder Wasser, je nachdem ob Luft- oder Wasserkollektoren eingesetzt sind. Der auf die Kollektorfläche bezogene Energiegewinn der acht betrachteten Systeme bewegt sich zwischen 90 und 238 kWh/m^{2}a. Der niedrige Gewinn wurde bei einem System erzielt, bei dem die Außenwand mit dem darauf installierten Kollektor gleichzeitig auch die Speicherwand darstellt [24]. Die besten Ergebnisse mit 238 kWh/m^{2}a lieferte ein wassergeführter Kollektor [16]. Auf die Wohnfläche bezogen beträgt die Energieeinsparung mit hybriden Systemen 6 bis 23 kWh/m^{2}a.

Tab. 35: Zusammenstellung der bauteilflächenspezifischen und wohnflächenspezifischen Energiegewinne der untersuchten Maßnahmen

Maßnahmen		Energiegewinne [kWh/m^{2}a]					
		Bauteilflächenspezifisch			Wohnflächenspezifisch		
		Min.	Mittel	Max.	Min.	Mittel	Max.
Passive Systeme	Thermische Fensterqualität	–	0,30	–	–	0,04	–
	Veränderung der Fenstergröße	35	39	41	4	6	9
	Atrium	–	450	–	–	48	–
	Wintergarten	12	27	67	2	8	21
	Transparente Wärmedämmung (TWD)	13	41	73	1	6	21
Hybride Systeme	Hybrid-transparente Wärmedämmung (HTWD)	–	248	–	–	–	–
	Bauteilaktivierung durch Luft/Wasser	90	145	238	6	13	23
Aktive Systeme	Direkte Zuluftvorerwärmung mittels Kollektoren	68	165	360	7,6	11,8	15,5
	Speichergestützte Systeme für Warmwasserbereitung und Raumheizung	331	445	592	7,5	8	8,5

Bei der Zuluftvorwärmung wird die Außenluft vor Eintritt in den zu belüftenden Raum durch den Luftkollektor geführt und dabei bei ausreichender Solarstrahlung vorgewärmt. Die Energiegewinne der vier betrachteten Projekte liegen bauteilbezogen zwischen 68 und 360 kWh/m^{2}a (wohnflächenspezifisch: 8 und 16 kWh/m^{2}a).

Die Energiegewinne der bisher betrachteten Systeme mit Ausnahme der hybrid-transparenten Dämmung (HTWD) führten jeweils zur Reduzierung von Heiz-energie. Die folgenden „Solarsysteme für Warmwasserbereitung und Raum-erwärmung" reduzieren primär den fossilen Energieaufwand für die Warm-wassererwärmung und werden nur vereinzelt zusätzlich zur Verminderung der Heizenergie eingesetzt. Bei den drei aufgeführten Vorhaben lag der nutzbare auf die Kollektorfläche bezogene Energiegewinn zwischen 331 und 592 kWh/m²a. Der niedrige Energiegewinn von 331 kWh/m²a wurde beim Vorhaben mit Flach-kollektoren [8] erzielt. Der obere Wert von 592 kWh/m²a stellt den Maximal-wert dar, der im Rahmen von Solarthermie2000 erreicht wurde. Für die Ermitt-lung des auf die Wohnfläche bezogenen Energiegewinns, der bei 7,5 kWh/m²a und 8,5 kWh/m²a liegt, konnten nur die Ergebnisse des Vorhabens „Emrich-straße" [8] herangezogen werden, da die Wohnflächen der anderen Projekte nicht bekannt sind.

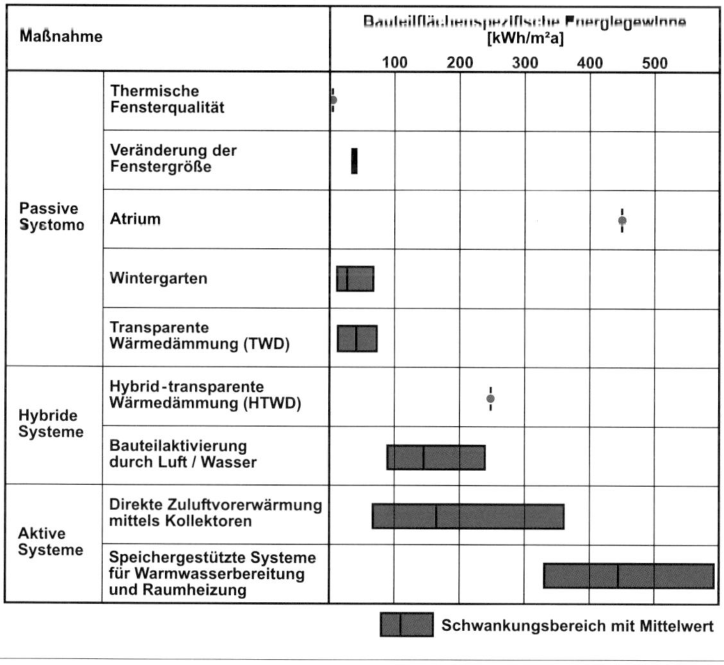

Maßnahme		Bauteilflächenspezifische Energiegewinne [kWh/m²a]				
		100	200	300	400	500
Passive Systeme	Thermische Fensterqualität					
	Veränderung der Fenstergröße					
	Atrium				⬤	
	Wintergarten	▣				
	Transparente Wärmedämmung (TWD)	▣				
Hybride Systeme	Hybrid-transparente Wärmedämmung (HTWD)			⬤		
	Bauteilaktivierung durch Luft / Wasser		▣▣			
Aktive Systeme	Direkte Zuluftvorerwärmung mittels Kollektoren	▣▣▣				
	Speichergestützte Systeme für Warmwasserbereitung und Raumheizung				▣▣▣	

▣▣ Schwankungsbereich mit Mittelwert

Abb. 70: Darstellung der bauteilflächen-spezifischen Energie-gewinne der unter-suchten Maßnahmen

In Abb. 70 sind die Schwankungsbreiten der bauteilbezogenen Energiegewinne grafisch dargestellt. Es ist zu erkennen, dass die kleinsten Energiegewinne bei der Verbesserung der Fensterqualität vorliegen. Es muss dabei erwähnt wer-den, dass bei diesem Vorhaben die Verglasungsqualität nur moderat verbessert wurde. Es gibt zwischenzeitlich deutlich effizientere Verglasungen. Die höchsten

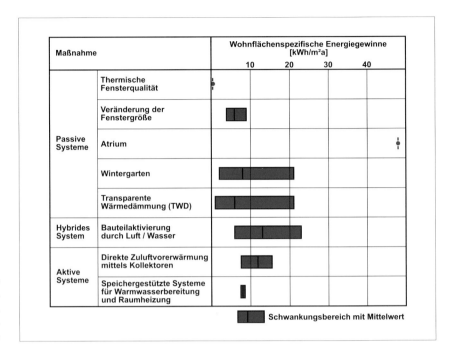

Maßnahme		Wohnflächenspezifische Energiegewinne [kWh/m²a]			
		10 20 30 40			
Passive Systeme	Thermische Fensterqualität				
	Veränderung der Fenstergröße				
	Atrium				
	Wintergarten				
	Transparente Wärmedämmung (TWD)				
Hybrides System	Bauteilaktivierung durch Luft / Wasser				
Aktive Systeme	Direkte Zuluftvorerwärmung mittels Kollektoren				
	Speichergestützte Systeme für Warmwasserbereitung und Raumheizung				
		Schwankungsbereich mit Mittelwert			

Abb. 71: Darstellung der wohnflächenspezifischen Energiegewinne der untersuchten Maßnahmen

bauteilspezifischen Gewinne sind bei „Speichergestützte Systeme für Warmwasserbereitung und Raumheizung" zu verzeichnen. Dies ist nicht überraschend, denn diese Systeme verwenden ganzjährig die Sonnenenergie zur Brauchwassererwärmung. Alle anderen aufgeführten Systeme, die zur Reduzierung von Heizenergie eingesetzt werden, können das Solarangebot nur während der Winter- und Übergangszeit nutzen.

Die Schwankungsbreiten der wohnflächenspezifischen Energiegewinne sind in Abb. 71 dargestellt. Der höchste Wert mit 48 kWh/m²a liegt beim Atrium vor. Da jedoch nur ein Vorhaben mit einem Atrium vorliegt, kann das Ergebnis nicht verallgemeinert werden. Es handelt sich hierbei um eine Schule, deren Heizenergieverbrauch durch die Dachverglasung der Innenhöfe um 48 kWh/m²a reduziert werden konnte. Bei den übrigen Systemen liegen die maximal erreichten Werte bei 23 kWh/m²a. Die „Speichergestützten Systeme für Warmwasserbereitung und Raumheizung" führen zu maximalen Energiegewinnen von 8 kWh/m²a. Gemäß Energieeinsparverordnung (EnEV) liegt der Nettowärmebedarf für Brauchwassererwärmung bei 12,5 kWh/m²a.

7.2 Kosten

Neben den Energiegewinnen, die durch die Systeme erzielt werden, sind die Investitionskosten von großer Bedeutung. In Tab. 36 sind für alle Systeme die bauteilspezifischen und die auf die Wohnfläche umgerechneten und somit wohnflächenspezifischen Kosten angegeben. Liegen von einer Systemkategorie mehrere Vorhaben vor, so sind jeweils die Minimal- und die Maximalkosten sowie der Mittelwert aufgeführt.

Maßnahmen		Kosten [€/m²]					
		Bauteilflächenspezifisch			Wohnflächenspezifisch		
		Min.	Mittel	Max.	Min.	Mittel	Max.
Passive Systeme	Thermische Fensterqualität	–	13	–	–	2	–
	Veränderung der Fenstergröße	73	207	390	8	30	43
	Atrium	–	1300	–	–	138	–
	Wintergarten	74	263	415	18	87	179
	Transparente Wärmedämmung (TWD)	66	297	701	5	42	143
Hybride Systeme	Hybrid-transparente Wärmedämmung (HTWD)	*	*	*	*	*	*
	Bauteilaktivierung durch Luft/Wasser	557	2223	3525	38	190	311
Aktive Systeme	Direkte Zuluftvorerwärmung mittels Kollektoren	414	769	1227	29	60	105
	Speichergestützte Systeme für Warmwasserbereitung und Raumheizung	546	1057	1588	24	28	33

* Nur als Forschungsvorhaben umgesetzt, es liegen daher keine Kosten vor

Tab. 36: Zusammenstellung der bauteilflächenspezifischen und wohnflächenspezifischen Investitionskosten der untersuchten Maßnahmen

Die Verbesserung der Fensterqualität von $U = 1,4$ W/m²K auf $U = 1,3$ W/m²K hat energetisch keinen wesentlichen Einfluss, verursacht andererseits mit 13 €/m² (wohnflächenspezifisch: 2 €/m²) auch keine hohen Kosten.

Die große Schwankungsbreite der Mehrkosten von 73 bis 390 €/m² beim Ersatz der Außenwand durch Fenster resultiert aus der unterschiedlichen energetischen Qualität der Fenster. Bei 73 €/m² handelt es sich um eine übliche Wärmeschutzverglasung (U_W = 1,4 W/m²K) und bei 390 €/m² um eine hochwertige Dreifach-Wärmeschutzverglasung mit hochgedämmten Fensterrahmen.

Die bauteilbezogenen Kosten für das betrachtete Atrium liegen bei 1300 €/m² (wohnflächenbezogen: 138 €/m²). Da ein Atrium zur Energiereduzierung der anliegenden beheizten Räume beiträgt und sich ferner die nutzbaren Flächen des Gebäudes vergrößern, ist es nicht ganz korrekt, die Investitionskosten in voller Höhe allein der Energiereduzierung zuzuschreiben. Die Kosten sind somit zu hoch angesetzt.

Wintergärten werden ebenfalls nicht primär zur Energieeinsparung erstellt, sondern um zusätzliche Flächen zu gewinnen. Die aufgeführten auf die verglaste Hüllfläche bezogenen Kosten von 74 bis 415 €/m² (wohnflächenbezogen: 18 bis 179 €/m²) können daher auch nicht allein als Investitionsmaßnahmen zur Heizenergiereduzierung gewertet werden.

Die transparente Dämmung hingegen wird ausschließlich aus Gründen der Heizenergiereduzierung eingesetzt. Die bauteilspezifischen Mehrkosten gegenüber der opaken Dämmung der neun betrachteten Projekte liegen zwischen 66 und 701 €/m² (wohnflächenspezifisch: 5 bis 143 €/m²). Sehr preisgünstig mit 66 €/m² erfolgte der Einbau bei der Villa Tannheim [14]. Dagegen sehr hohe Kosten mit 701 €/m² erforderte die Installation in Niederurnen [14].

Die hybrid-transparente Dämmung (HTWD) wurde bisher noch in keinem bewohnten Gebäude umgesetzt. Es gibt daher hierfür auch keine Kostenangaben.

Das Aktivieren von Bauteilen mit erwärmter Luft oder erwärmtem Wasser erfordert die Aufstellung von Kollektoren sowie die Installation von Verbindungskanälen zwischen Kollektor und Speicherbauteil. Ferner ist der Einbau eines Rohrregisters im Speicherbauteil notwendig. Auf die Kollektorfläche bezogen liegen für die sieben betrachteten Projekte die Kosten zwischen 557 €/m² und 3525 €/m² (wohnflächenbezogen: 38 bis 311 €/m²). Die niedrigen Kosten wurden bei einem Vorhaben in Petersberg [28] mit einem vor Ort gebauten Kollektor erreicht. Hohe Kosten von 3525 €/m² ergaben sich beim Münchner Mehrfamilienwohnhaus [16]. Der Kollektor wurde dort vor der Außenwand aufgestellt; es konnten daher bei der Wandverkleidung keine Kosten eingespart werden. Außerdem erfolgt der Lufttransport mit photovoltaikbetriebenen Ventilatoren. Dies verursacht während der Betriebszeit künftig keine Stromkosten, hat aber zu erhöhten Investitionskosten geführt.

Luftkollektoren, die für die Zuluftvorwärmung bestimmt sind, weisen gegenüber den oben beschriebenen Kollektoren geringere Kosten auf, da keine Rohrregister in den Bauteilen und auch kein Luftkreislauf mittels Rohre hergestellt werden muss. Es ist nur die Zuluftführung vom Kollektor zum Raum notwendig. Die Abluftführung ist meist gebäudebedingt vorhanden. Die auf die Kollektorfläche bezogenen Kosten bewegen sich bei den drei untersuchten Projekten zwischen 414 und 1227 €/m² (wohnflächenbezogen: 29 bis 105 €/m²).

Speichergestützte Systeme für die Warmwasserbereitung sind weit verbreitet und ausgereift. Seltener ist hingegen die zusätzliche solargestützte Raumheizung, da die Kollektorfläche in der Regel so bemessen wird, dass die Fläche während der strahlungsreichen Sommermonate für die Erwärmung des Brauchwassers ausreicht. Die mittleren kollektorflächenbezogenen Kosten der im Rahmen der Solarthermie2000 untersuchten Kollektoranlagen betragen 546 €/m². Gemessen an diesem Wert, liegt das betrachtete Vorhaben mit 1037 €/m² (ohne solare Heizungsunterstützung) und 1588 €/m² (mit solarer Heizungsunterstützung) deutlich höher. Wohnflächenbezogen ergibt dies Kosten von 24 und 33 €/m².

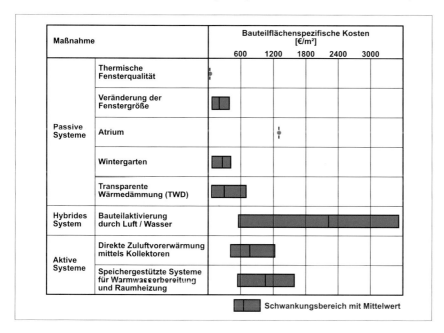

Eine Übersicht über die bauteilspezifischen Kosten aller Systeme ist in Abb. 72 dargestellt. Es ist zu erkennen, dass die Kosten der passiven Systeme unter den Kosten der hybriden und der aktiven Systeme liegen. Das Atrium stellt mit 1300 €/m² eine Ausnahme dar. Ein auffallend hoher Schwankungsbereich ist bei der Bauteilaktivierung mit Luft/Wasser zu verzeichnen. Auch der Mittelwert stellt mit 2223 €/m² den höchsten Wert dar. Die Kosten der speichergestützten Systeme für Warmwasserbereitung und Raumheizung liegen über den Kosten der direkten Zulufterwärmung mittels Kollektoren.

Viele Kosten im Bauwesen werden wohnflächenbezogen angegeben, daher sind wohnflächenspezifische Kosten für eine grobe Orientierung auch geeignet, energiesparende Maßnahmen so darzustellen. Es ist dabei natürlich zu beachten, dass wohnflächenspezifische Kosten einer Maßnahme wie beispielsweise transparente Dämmung oder Kollektoren zur Brauchwassererwärmung bei einer großen Wohnung günstiger erscheinen als bei einer kleinen Wohnung. Abb. 73 zeigt die wohnflächenspezifische Kostendarstellung.

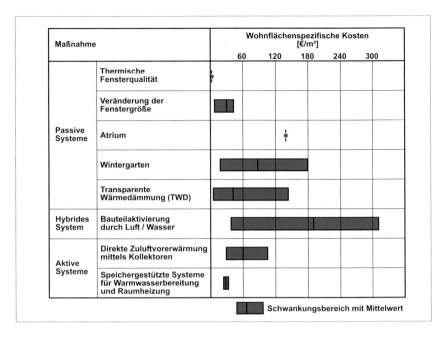

Abb. 73: Darstellung der wohnflächenspezifischen Kosten der untersuchten Maßnahmen

7.3   Gestehungskosten

Die bisherige isolierte Betrachtung der eingesparten Energie und der entstandenen Herstellungskosten lässt noch keine wirtschaftliche Bewertung der entsprechenden energiesparenden Maßnahme zu. Dies ist nur durch die Ermittlung und Angabe der Gestehungskosten möglich. Hierbei wird die Höhe der Kosten für eine eingesparte Kilowattstunde angegeben. Für passive Systeme liegt der betrachtete Zeitraum gemäß Ziffer 2 bei 40 und für aktive bei 20 Jahren. Ist die Lebensdauer höher, so verbessert sich die Wirtschaftlichkeit entsprechend. In Tab. 37 sind jeweils die minimalen, die mittleren und die maximalen Gestehungskosten für die untersuchten Maßnahmen zusammengestellt.

Die Verbesserung der thermischen Fensterqualität weist mit 2,88 €/kWh einen sehr hohen Wert auf. Die bauteilbezogenen Kosten von 13 €/m² sind zwar nicht hoch, doch die dadurch eingesparte Energie von 0,3 kWh/m²a ist minimal. Dies führt zu dieser schlechten Wirtschaftlichkeit. Die Vergrößerung der Fensterfläche an der Südseite ergibt Gestehungskosten zwischen 0,12 und 0,63 €/kWh. Der Mittelwert mit 0,35 €/kWh liegt noch über den Gestehungskosten des Atriums mit 0,19 €/kWh. Wird der Bau eines Wintergartens so betrachtet, als wäre er allein aus energetischen Gründen erstellt worden, so liegen die Gestehungskosten zwischen 0,28 €/kWh und 1,70 €/kWh. Den größten Schwankungsbereich aller

Maßnahmen		Gestehungskosten [€/kWh]		
		Min.	Mittel	Max.
Passive Systeme	Thermische Fensterqualität	–	2,88	–
	Veränderung der Fenstergröße	0,12	0,35	0,63
	Atrium	–	0,19	–
	Wintergarten	0,28	0,86	1,70
	Transparente Wärmedämmung (TWD)	0,11	0,64	1,97
Hybrides System	Bauteilaktivierung durch Luft/Wasser	0,61	2,41	8,79
Aktive Systeme	Direkte Zuluftvorerwärmung mittels Kollektoren	0,03	0,36	0,74
	Speichergestützte Systeme für Warmwasserbereitung und Raumheizung	0,11	0,24	0,34

Tab. 37: Zusammenstellung der Gestehungskosten der untersuchten Maßnahmen. Für die passiven Systeme wurde eine rechnerische Lebensdauer von 40 Jahren und für die aktiven eine von 20 Jahren zugrunde gelegt.

passiven Maßnahmen weist die transparente Dämmung mit Werten zwischen 0,11 und 1,97 €/kWh auf. Bei der Bauteilaktivierung durch Luft/Wasser bewegen sich die Gestehungskosten zwischen 0,61 und 8,79 €/kWh und bei der direkten Zuluftvorerwärmung mittels Kollektoren zwischen 0,03 und 0,74 €/kWh. Verglichen mit den Systemen Bauteilaktivierung durch Luft/Wasser und direkte Zuluftvorerwärmung weisen speichergestützte Systeme zur Brauchwassererwärmung mit Gestehungskosten zwischen 0,11 und 0,34 €/kWh den kleinsten Schwankungsbereich auf.

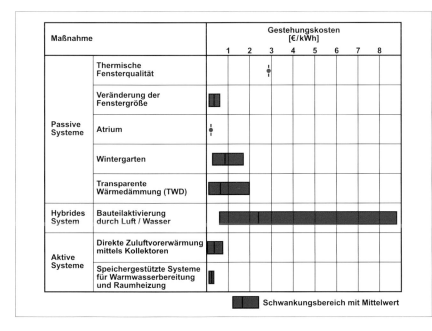

Abb. 74: Darstellung der Gestehungskosten der untersuchten Maßnahmen. Für die passiven Systeme wurde eine Lebensdauer von 40 Jahren und für die aktiven eine von 20 Jahren zugrunde gelegt.

Der im Abb. 74 dargestellte Überblick zeigt, dass die Gestehungskosten aller Systeme sich im Bereich von 0,03 €/kWh [32] bis 8,79 €/kWh [24] bewegen. Das Verhältnis vom teuersten zum billigsten System liegt bei ca. 300. Wird versucht, eine Rangfolge aufzustellen, so müssen neben den Mittelwerten auch die Minimal- und die Maximalwerte beachtet werden. Dies ist möglich, indem jeweils eine Rangfolge 1 bis 8 mit den Minimalwerten sowie den Mittelwerten und den Maximalwerten aufgestellt wird. Es ergeben sich somit 3 Rangfolgen mit aufsteigenden Gestehungskosten mit den Rangnummern 1 bis 8. Werden die Rangplätze bei jedem System addiert, so ergibt sich eine Zahl zwischen 3 und 24.

Die Bewertung der acht Systeme nach dieser Methode ergibt die folgende Rangfolge nach aufsteigenden Gestehungskosten:

- speichergestützte Systeme für Warmwasserbereitung und Raumheizung
- direkte Zulufterwärmung mittels Kollektoren
- Atrium
- Veränderung der Fenstergröße
- transparente Wärmedämmung (TWD)
- Wintergarten
- Bauteilaktivierung durch Luft/Wasser
- thermische Fensterqualität

Die speichergestützten Solarsysteme nehmen nach dieser Bewertung Rang 1 ein. Diese Systeme haben gegenüber den anderen den Vorteil, dass sie auch im Sommer bei hohem Strahlungsangebot für die Brauchwassererwärmung eingesetzt werden können. Alle anderen sieben Systeme dienen nur der Heizenergiereduzierung während der Heizperiode. Direkte Zulufterwärmung mittels Kollektoren nimmt Rang 2 ein. Dieser Wert wird durch die geringen Gestehungskosten des Solar-Luftkollektors in Sarnen beeinflusst. Die Ergebnisse des Atriums (Rang 3) können nicht verallgemeinert werden, da nur ein Atrium untersucht wurde. Es sollten künftig weitere Atrien im Bereich der Sanierung messtechnisch untersucht werden, um eine fundierte Datenbasis zu erhalten. Die Veränderung der Fenstergröße nimmt mit Rang 4 einen Mittelplatz ein. Die Gestehungskosten der transparenten Dämmung, die bei dieser Bewertung Rang 5 einnehmen, haben sich durch das in [8] installierte TWD-Modulsystem deutlich erhöht. Wintergärten stehen auf Platz 7, sie werden in der Regel nicht allein aus Gründen der Energieeinsparung gebaut. In die Bewertung müssten noch Aspekte der Nutzflächenvergrößerung und Wohnwertverbesserung eingerechnet werden. Die Bauteilaktivierung ist eine sehr teure Maßnahme zur Reduzierung der Heizenergie. Die Gestehungskosten selbst des billigsten Systems liegen noch über den höchsten Kosten einiger anderer untersuchter Systeme. Den letzten Rang nimmt die Verbesserung der Fensterqualität ein. Dieser Wert darf aber ebenfalls nicht verallgemeinert werden, da nur ein System untersucht wurde, das zudem nicht sehr typisch ist, da heute deutlich bessere Glasqualitäten am Markt verfügbar sind.

8 Zusammenfassung

Für die Raumheizung und Erwärmung des Trinkwassers ist in Deutschland etwa ein Drittel des Gesamtendenergieverbrauchs notwendig. Ein großes Einsparpotential liegt im älteren Gebäudebestand vor. Um aufzuzeigen, wie dort der Primärenergieverbrauch signifikant abgesenkt werden kann, welche Materialien und Techniken heute einsetzbar sind und welche Strategien am effizientesten zum Ziel führen, wurde vom Bundesministerium für Wirtschaft und Arbeit (BMWA) 1998 das Förderkonzept „Energetische Verbesserung der Bausubstanz (EnSan)" gestartet. Das Förderkonzept setzt sich aus mehreren Teilkonzepten zusammen. Einen Schwerpunkt stellt dabei das Teilkonzept „Demonstrationsprojekte" dar. Einige Demonstrationsvorhaben sind zwischenzeitlich abgeschlossen, andere befinden sich noch in der Ausführungs- und Messphase.

Neben der Verbesserung des Wärmeschutzes und der Ertüchtigung der Anlagentechnik werden dort auch solare Fassadensysteme zur effizienten Nutzung der Sonnenenergie umgesetzt. Zu solaren Fassadensystemen zählen passive Systeme wie Fenster, Wintergarten, transparente Dämmung und Doppelfassaden sowie hybride und aktive Systeme. Im Buch werden speziell diese Systeme hinsichtlich Funktionstüchtigkeit, Energieeffizienz und Wirtschaftlichkeit behandelt. Die ausgewählten und näher beschriebenen EnSan-Demonstrationsprojekte sind mit solchen solaren Komponenten ausgestattet. Sie wurden im Rahmen der Messphase gezielt untersucht und bewertet. Um eine breite Datenbasis zu erhalten, sind zusätzlich Ergebnisse aus Demonstrationsvorhaben hinzugenommen worden, die nicht im Rahmen von EnSan durchgeführt wurden.

Die Beschreibung der Demonstrationsprojekte macht deutlich, wie solare Komponenten im energetischen Gesamtkonzept eingebunden sind und welchen energetischen Beitrag sie leisten. Der energetische Beitrag wurde in der Regel messtechnisch unter realen Klima- und Nutzerbedingungen über eine Heizperiode erfasst. Neben den energetischen Gesichtspunkten sind auch die wirtschaftlichen von großer Bedeutung. Die vorliegende Kenntnis der real entstandenen Investitionskosten der solaren Komponenten ermöglicht die Darstellung der Wirtschaftlichkeit. Für Entscheidungsträger, die die finanziellen Mittel effektiv einsetzen müssen, ist gerade diese Information wichtig.

Die Wirtschaftlichkeit der einzelnen solaren Komponenten lässt sich durch die Angabe der Gestehungskosten darstellen. Der kleinste Wert bei Gegenüberstellung der Gestehungskosten aller Maßnahmen ergibt sich für speichergestützte Systeme für Warmwasserbereitung und Raumerwärmung. Diese Systeme haben den Vorteil, dass die Solarenergie für die Erwärmung des Brauchwassers ganzjährig genutzt werden kann. Die direkte Zuluftvorwärmung über Luftkollektoren nimmt Rang 2 und die passive Solarenergienutzung durch das Atrium Rang 3 ein. Die Veränderung der Fenstergröße sowie die transparente Dämmung und der Bau eines Wintergartens belegen das Mittelfeld. Die Bauteilaktivierung durch Luft/Wasser weist hohe Investitionskosten auf und belegt daher den vorletzten Platz. Da die untersuchte Verbesserung der thermischen Fensterqualität nur zu geringer Energieeinsparung führt, weist sie die höchsten Gestehungskosten auf.

Die Gegenüberstellung der Gestehungskosten gibt Hilfestellung bei der Frage, mit welchen solaren Komponenten bei minimalem Kostenaufwand ein Höchstmaß an Heizenergiereduzierung erzielt werden kann. Bei Gebäuden mit hohem Energieverbrauch ist die Verbesserung des Wärmeschutzes und die Ertüchtigung der Anlagentechnik in der Regel wirtschaftlicher als zusätzliche Maßnahmen zur erhöhten Nutzung der Sonnenenergie. Um eine hohe Heizenergieeinsparung zu erzielen, müssen jedoch alle zur Verfügung stehenden Möglichkeiten ausgeschöpft werden. Im Sinne der Wirtschaftlichkeit ist es jedoch ratsam, auf die Reihenfolge zu achten und die effizientesten Maßnahmen zuerst einzusetzen. Das vorliegende Buch stellt hierfür belastbare Informationen und Erfahrungswerte dem Leser zur Verfügung.

9   Literatur

[1]   Enquetekommission „Vorsorge zum Schutz der Erdatmosphäre" des deut-
       schen Bundestages (Hrsg): Energieeinsparung sowie rationelle Energie-
       umsetzung und -umwandlung, Bd. 2. Economica Verlag und Verlag C.F.
       Müller (1990).

[2]   Reiß, J.; Erhorn, H.; Kluttig, H.: Hemmnisse bei der energetischen Altbau-
       modernisierung. Kann die Forschung Impulse geben? Bauphysik 21 (1999),
       Heft 3, S. 98–105.

[3]   Reiß, J.; Erhorn, H.; Reiber, M.: Energetisch sanierte Wohngebäude, Maß-
       nahmen – Energieeinsparung – Kosten. Fraunhofer IRB Verlag, Stuttgart
       (2002).

[4]   VDI 2067: Wirtschaftlichkeit gebäudetechnischer Anlagen. Grundlagen
       und Kostenberechnung, Blatt 1, September 2000.

[5]   Peuser, F.A.; Croy, R.; Rehrmann, U.; Wirth, P.H.: Solare Trinkwassererwär-
       mung mit Großanlagen. Praktische Erfahrungen. BINE Informationsdienst.
       TÜV Verlag, Köln (1999).

[6]   Fritsche, U.R. et al: GEMIS – Gesamt-Emissions-Modell integrierter Systeme –
       ein Computerinstrument zur Umwelt- und Kostenanalyse von Energie-
       transport- und Stoffsystemen. Öko-Institut, Darmstadt (1998).

[7]   Forschungsgesellschaft Bau und Umwelt mbH: Beispielhafte Sanierung ei-
       nes fünfgeschossigen Plattenbaus vom Typ P2 unter Einbeziehung solarer
       Energietechnik. Berlin, August 2001.

[8]   Kerschberger, A.; Kloos, A.: Solare Sanierung – Energiegerechte Bauschaden-
       sanierung mit TWD-Einsatz, Wohnungsbauserie QX, Band 1. Schlussbe-
       richt Teil 2,3; Stuttgart, Februar 2002.

[9]   Forschungsgesellschaft Bau und Umwelt mbH: Erprobung eines solarge-
       stützten Luftheizungssytems bei der energetischen Sanierung eines Wohnge-
       bäudes des Großplattenbautyps WBS 70. Abschlussbericht, Berlin, Mai 2002.

[10] Reiber, M.: Rechnerische Bewertung und messtechnische Validierung eines kosten- und energiesparenden Mehrfamilienwohngebäudes in Stuttgart-Stammheim unter Berücksichtigung einer Solaranlage zur Brauchwassererwärmung. Diplomarbeit Universität Stuttgart (2001).

[11] Gruber, E.; Erhorn, H.; Reichert, J.: Chancen und Risiken der Solararchitektur. Solarhäuser Landstuhl. Verlag TÜV Rheinland, Köln (1989).

[12] Berechnung des Wärmebedarfs und Untersuchung des energetischen und wirtschaftlichen Einflusses der Fenstergrößen. Berechnung des Fraunhofer-Instituts für Bauphysik, Stuttgart (2002), unveröffentlicht.

[13] Wagner, A.: Energieeffiziente Fenster und Verglasungen. BINE Fachinformationszentrum Karlsruhe, TÜV-Verlag, Köln (2000).

[14] Haller, A.; Humm, O.; Voss, K.: Renovieren mit der Sonne, Solarenergienutzung im Altbau. Ökobuchverlag, Staufen bei Freiburg (2000).

[15] Petzold, K.: Energetische Sanierung und energieökonomische Erweiterung unter Verbesserung des sozial-kulturellen und des pädagogisch-funktionellen Niveaus von Typenschulbauten. Schlussbericht, Berlin, Stuttgart, Dresden (1998).

[16] Reiß, J.; Erhorn, H.: Niedrigenergie-Mehrfamilienhaus in München mit passiven, aktiven und hybriden Solarenergiegewinnelementen – Messergebnisse – Kosten – Wirtschaftlichkeit. Eigenverlag GWG, München (2000).

[17] DIN V 4108, Teil 6 (Vornorm): Wärmeschutz und Energie-Einsparung in Gebäuden. Berechnung des Jahresheizwärme- und des Jahresheizenergiebedarfs. Beuth Verlag, Berlin (2000).

[18] Vahldiek, J.; Oswald, D.: Transparente Wärmedämmsysteme in einem sanierten Altbau – Pilotvorhaben Sonnenäckerweg, Freiburg. Bauphysik (1994), Heft 6.

[19] Russ, C.; Klinkert, V.: Einsatz maschinell gefertigter TWD-Module in einer optimierten Fassadenkonstruktion an Montagebauten mit Leichtbetonelementen. Abschlussbericht, Freiburg (2000).

[20] Fraunhofer-Institut für solare Energiesysteme: Verbesserung solarer Systeme durch Optimierung der Solaraperturfläche. Abschlussbericht zum Forschungsvorhaben 0335003A, Freiburg (1992).

[21] Gertis, K.: Sind neuere Fassadenentwicklungen bauphysikalisch sinnvoll? Teil 2: Glas-Doppelfassaden. Bauphysik 21 (1999), Heft 2, S. 54–66.

[22] Müller, H.F.O.; Nolte, C.; Pasquay, T. (Hrsg.): Klimagerechte Fassadentechnologie II. Monotoring von Gebäuden mit Doppelfassaden. Fortschritt-Berichte VDI. VDI Verlag, Düsseldorf (2003).

[23] Leonhardt, H.; Sinnesbichler, H.: Hybride Transparente Wärmedämmung – Aktuelle Ergebnisse aus Leistungsmessungen im Freiland. Bauphysik 20 (1998), Heft 6.

[24] Reiß, J.; Erhorn, H.: Solare Hybridsysteme in einer Reihenhaus-Wohnanlage am Weinmeisterhornweg in Berlin. Bericht WB 88/1997 des Fraunhofer-Instituts für Bauphysik, Stuttgart (1997).

[25] Reiß, J.; Erhorn, H.; Stricker, R.: Passive und hybride Solarenergienutzung im Mehrfamilienwohnhausbau – Messergebnisse und energetische Analyse des deutschen IEA-Task VIII-Gebäudes in Berlin. Bericht WB 64/91 des Fraunhofer-Instituts für Bauphysik, Stuttgart (1991).

[26] Reiß, J.; Erhorn, H.: Solare Hybridsysteme in einer Reihenhaus-Wohnanlage an der Wannseebahn in Berlin. Bericht WB 91/1997 des Fraunhofer-Instituts für Bauphysik, Stuttgart (1997).

[27] Oswald, D.; Wichtler, A.; König, N.; Töpfer, K.-P.: Untersuchungen an einem hybridem Heizsystem im Einfamilienhaus Zaberfeld. Sonderdruck aus: Bauphysik 23 (2001), Heft 3, S. 156–163.

[28] Leiß, S.: Bilanzierung eines Niedrigenergiehauses mit Hybridsystem. Diplomarbeit Universität Stuttgart, Februar 2001.

[29] Nikolic, V.; Rouvel, L.: Lüftung im Wohnungsbau – Demonstrationsvorhaben Mehrfamilienhaus Berlin; BMFT-Forschungsbericht FB-T 86-188, Bonn, Dezember 1986.

[30] BMWi-Forschungsprojekt Solarthermie2000, Teilprojekt 2: Solarthermische Demonstrationsanlagen für öffentliche Gebäude mit Schwerpunkt in den neuen Bundesländern – 1993 bis 2002. Internetpublikation: www.solarthermie2000.de

[31] DIN V 4701-10, Vornorm: Energetische Bewertung heiz- und raumlufttechnischer Anlagen. Heizung, Trinkwassererwärmung, Lüftung. August 2003.

[32] Kaiser, Y.: Solargebäude – Strategien und Erfahrungen des energieoptimierten Bauens. Internetpublikation: www.energienetz.ch/solargebaeude/

[33] Kaltenschmidt, M.; Merten D.; Falkenberg D.: Regenerative Energien. BWK – Das Energie-Fachmagazin (4-2002), S. 66–74.

[34] Stryi-Hipp G.: Der Markt für Solarwärme und Solarstrom in Deutschland. Forum Solarpraxis, Berlin, 14./15. November 2002.

[35] IKARUS-Technikdatenbank: Version 3.2, Fachinformationszentrum Karlsruhe (2000).

[36] Stiftung Warentest: Test Solaranlagen. Eine Technik zum Erwärmen – 16 Solaranlagen zur Warmwasserbereitung. Test-Heft 04/2002, S. 56–61.